뇌는 어떻게 세상을 보는가

뇌는 어떻게 세상을 보는가

뇌의 신비에 대한 철학적 발견

빌라야누르 라마찬드란

이충 옮김

바다출판사

나의 부모님이신 빌라야누르 수브라마니안과 빌라야누르 미나크시,

다이앤, 마니, 자야, 세망구디 스리니바사 이에르,

우리 조국의 젊은이를 새로운 천년으로 인도한 압둘 칼람 대통령,

영지(靈智)와 음악, 지식과 지혜의 신인

시바 다크시나무르티에게 이 책을 바친다.

차 례

서문

1948년 버트런드 러셀Bertrand Russell로부터 시작된 리스 강의Reith lecture에 2003년, 의사이며 실험심리학자로는 최초로 초대되어 강의를 한 일은 나에게 커다란 영광이었다. 지난 50년간 지속된 리스 강의는 영국 국민들의 지적이며 문화적인 삶을 충족시켰다. 내가 이번 강의를 제의받고 10대 시절 나에게 많은 영감을 불러일으켰던 피터 메더워Peter Medawar, 아널드 토인비Arnold Toynbee, 로버트 오펜하이머Robert Oppenheimer, 존 갤브레이스John Galbraith, 러셀 등 몇몇 선배 강연자들과 같은 강연자 명단에 포함된다는 사실을 알았을 때 더할 나위 없이 기뻤다.

그러나 지적인 사조를 정의하는 데 공헌한 수많은 선배 강연자들의 높은 위상과 그들의 중추적인 역할이 떠올라 곧 그들의 뒤를 잇는다는 사실이 쉽지만은 않을 것이라는 생각으로 마음이 무거웠다. 설상가상으로 전문가들뿐 아니라 '일반 대중'의 흥미도 고취시키라는 리스 경의 원래 취지를 따라야 한다는 BBC의 요구도 있었다. 뇌를 연구한 많은 결과물이 있지만 심오하고 난해한 내용보다는 인상적인 조사 결과를 설명하는 것이 내가 취할 수 있는 최선의 방법이었다. 이를 위해 많은 논쟁을 지나치게 단순화함으로써 동료 전문가 가운데 일부의 마음을 불편하게 하는 위험성을 떠안아야 할지도 모른다는 사실이 걱정이었다. 그러나 리스 경이 말한 것처럼 누군가는 그 역할을 맡아야만 한다.

나는 이번 강의를 하면서 영국 전역을 여행하게 되어 매우 기뻤다. 특히, 런던 왕립연구소Royal Institution에서 한 첫 강의는 연회장 분위기였으며, 기억에 남을 강연이었다. 청중 가운데 낯익은 선생님과 동료 그리고 학생들이 많이 있었기 때문이기도 하지만, 그 강연장은 마이클 패러데이Michael Faraday가 전기장과 자기장의 연관성을 최초로 입증한 바로 그 장소이기도 했기 때문이다. 패러데이는 어린 시절부터 항상 나의 영웅들 가운데 한 사람이었다. 나는 그가 강의한 그 장소에서 뇌와 마음을 연결지으려는 나의 미약한 시도를 지켜보며 눈살을 찌푸리는 그의 모습을 느낄 수 있었다.

이번 강의는 (토머스 헉슬리Tomas Huxley가 말한 '노동자workingmen'를 포함한) 다양한 계층의 청중들이 좀더 쉽게 신경과학(뇌에 관한 연구)에 접근할 수 있도록 만드는 것이 목적이었다. 이러한 목적 달성을 위해 뇌의 일부 영역에서 발생한 변화로 인해 나타나는 신경 기능장애를 다루며 질문했다. 이러한 증상은 왜 일어나는가? 이러한 증상은 정상적인 뇌의 활동에 대해 우리에게 무엇을 말해주는가? 이들 환자들에 관한 연구는 뇌 속의 수백억 개의 신경세포의 활동이 어떻게 인간의 온갖 의식적인 경험을 낳는지 설명해줄 수 있는가? 시간 제한상 환상사지, 공감각, 시각 처리 등 내가 직접 연구를 수행한 영역이나 둘 이상의 분야에 걸쳐 있는 영역에 초점을 맞추고자 했다. 이를 통해 현재 C. P. 스노C.P.Snow가 주장한 두 개의 문화, 즉 과학과 인문학 사이에 다리를 놓는 작업이 가능하다.

3장에서는 일반적으로 과학자들 사이에서도 출입금지 영역이라고 간주되며, 열띤 논쟁이 펼쳐지는 신경미학neuroaesthetics을 다루었다. 나는 단지 재미삼아 신경과학자가 신경미학에 접근할 수 있는 방법을 살펴보는 것일 뿐이다. 학자들도 피해가려는 분야이기 때문에 그 내용이 너무 사색적이더라도 사과하지는 않을 것이다. 피터 메더위는 "과학은 무엇이 진실일 수 있는지 알기 위해 떠나는 상상 여행"이라고 말한 바 있다. 따라서 검증 가능한 예측을 낳고, 다져진 땅을 걸을 때와 달리 살얼음판을 걷듯이 단지 사색만으로 진실을 밝혀낼 수 있다면 그 사색만으로도 충분하다. 주석에 한정적인 설명을 추가하면서 이 책 전반에 걸쳐 이와 같은 나만의 차별성을 고수하고자 노력했다.

신경학 분야에서는 단일 사례연구에 의한 접근법, 즉 어떤 증후군을 보이는 한두 명의 환자를 집중 연구하는 접근법과 수많은 환자들을 조사하여 통계적으로 분석하는 방법이 팽팽하게 맞서고 있다. 때로는 단일 사례 연구에 의해 오류가 발생하기 쉽다는 지적이 나오고 있다. 그러나 상식에 맞지 않는 지적이다. 신경학 분야에서 검증하는 데 시간만 끌어오던 대부분의 증후군, 예를 들어 언어 상실증(언어장애), 브렌다 밀너Brenda Milner와 엘리자베스 워링턴Elizabeth Warrington, 래리 스콰이어Larry Squire, 래리 와이스크란츠Larry Weiskrantz가 탐구한 기억 상실증, 피질 색맹, 무시, 맹시blindsight, '뇌 분할 증후군split brain syndrome' 등은 단일 사례를 연구하여 밝혀졌다. 그리고 내가 아는 바로는 대량의 표본을 평균하여 밝혀낸 증후군은 단 하나도 없다. 사실 최상의 전략은 개별 사례를 연구한 다음, 그 결과가 다른 환자에게서도 반복적으로 적용 가능하다는 사실을 밝혀내는 것이다. 이번 강의에 설명된 새로운 발견들 가운데 대다수, 예를 들어 환상사지, 카프그라 망상, 공감각, 무시 등이 그런 방법을 통해 밝혀졌다. 이미 놀라울 정도로 일관되게 환자에게 적용되고 있으며, 몇몇 실험실에서 재확인된 바 있다.

많은 동료들과 학생들이 나에게 언제부터 뇌에 관심을 가지기 시작했으며, 그 이유가 무엇인지 묻는다. 내가 관심을 두고 있는 분야 간의 연계성을 추적하기란 쉽지 않지만 일단 한번 시도해보자. 열한 살 무렵부터 과학에 관심을 가졌다. 과학에 관심이 많았던 한 친구가 방콕에 아직도 살고 있지만 나는 그를 제외하고 다른 친구들과는 잘 어울리지 않고 외로운 어린 시절을 보냈다. 그러나 언제나 자연과 함께 한다고 느꼈으며, 과학은 변덕스럽고 혼란스러운 사회로부터 도망칠 수 있는 하나의 도피처였다. 나는 조개껍질과 지질 표본, 화석 등을 수집하며 시간을 보냈다. 그리고 취미로 고대사와 인더스 문서 해독, 비교해부학, 인류학 등을 공부했으며, 포유류가 소리를 증폭시키기 위해 사용하는 귀 속에 작은 뼈가 도마뱀의 턱뼈에서 진화했다는 사실에 심취했다. 학창시절에는 화학 공부에 몰두했으며 종종 화학물질을 섞으면 어떤 결과가 나오는지 확인하기도 했다. 예를 들어 연소 중인 마그네슘 조각을 물속에 집어넣으면 마그네슘 조각은 산소를 발생시키면서 물을 연소시킨다. 생물학에도 많은 관심을 가졌다. 한번은 파리지옥풀의 입 속에 설탕과 지방산, 각각의 아미노산을 집어넣은 다음 입을 오므리고 소화효소를 분비하도록 촉진하는 것이 무엇인지 관찰하기도 했다. 그리고 개미가 설탕을 비축했다가 소비하는 것처럼 사카린에도 똑같은 행동을 취하는지 실험했다. 인간이 사카린의 단맛에 속듯이 개미들도 과연 속을까?

어린 시절의 그와 같은 빅토리아식 영감 추구는 현재 전공하고 있는 신경학과 정신물리학과는 거리가 매우 멀지만 성인이 된 현재 나 자신과 과학에 접근하는 방식에 많은 영향을 주면서 지울 수 없는 흔적을 남겼음에는 틀림없다. 얼마나 난해했는지는 뒤로 하고, 어린 시절 여러 가지 학문에 심취하면서 다윈, 퀴비에Cuvier, 헉슬리, 오언Owen, 윌리엄 존스William Jones, 샹폴리옹Champollion이 살았던 우주와 동일한 공간, 개인적인 공간 속에 있음을 느꼈다. 그들은 나에게 실제 존재하는, 내가 아는 대부분의 사람들보다 더 현실적이었으며, 더 생명력이 넘쳤다. 그런 현실 세계로부터 사적인 세계로의 탈출 때문에 나 자신이 고립되고 괴상하며 남들과 다르다는 생각보다는 나 자신이 특별하다는 생각을 했다. 대부분의 사람들이 말하는 '일상생활'의 권태로움과 단조로움을 뛰어넘어 러셀이 말한 "적어도 고귀한 우리의 추진력 가운데 하나는 현실 세계의 황량한 유배생활에서 탈출할 수 있는" 곳으로 갈 수 있었다.

유서 깊고 활기차며 현대적인 샌디에이고의 캘리포니아 대학은 그런 식의 '탈출'을 장려한다. 캘리포니아 대학의 신경과학 프로그램은 최근 미국 국립과학아카데미에서 1위로 선정된 바 있다. 솔크 연구소Salk Institute와 게리 에델만Gerry Edelman의 신경과학연구소Neurosciences Institute를 포함한다면 라 호야La Jolla의 '뉴런 밸리neuron valley'에는 세상 그 어느 곳보다도 많은 신경과학자가 연구 활동을 하고 있다. 뇌에 관심을 가진 사람들에게 이보다 나은 환경을 생각할 수 없을 정도다.

과학은 그 수행자들이 호기심에 가득 차 있을 때, 일상화 혹은 전문화되지 않을 때인 초창기에 가장 재미있는 법이다. 그러나 불행하게도 입자물리학이나 분자생물학처럼 과학 분야에서 가장 성공한 영역에서는 그렇지도 않다. 이제 〈사이언스〉나 〈네이처〉에 실리는 논문의 공동 저자가 30명이나 되는 것을 쉽게 볼 수 있다. 개인적으로 기쁜 일이라고 생각한다. 물론 그 저자들도 기뻐할 것이라고 생각한다. 구식 게슈윈드 신경학Geschwindian neurology에 끌린 두 가지 본질적인 이유 가운데 하나가 여기에 있다. 기본원리에서 출발하여 초등학생이나 물을 법한 순진한 질문, 그러나 전문가들도 대답하기 힘든 질문을 던질 수 있기 때문이다. 또한 시간만 지루하게 보내다가 놀라운 해답을 도출해내는 패러데이 방식의 연구도 가능하다. 실제로 나를 포함한 많은 동료가 이 분야를 샤르코 Charcot, 헐링 잭슨Hughling Jackson, 헨리 헤드Henry Head, 루리아 Luria, 골드스타인Goldstein이 활동하던 신경학의 황금시대를 부활시킬 수 있는 하나의 기회로 생각하고 있다.

신경학을 선택한 나머지 한 가지 이유는 앞서 언급한 이유보다 더 명확하다. 바로 여러분이 이 책을 선택한 이유와 같다. 인간으로서 우리는 무엇보다도 우리 자신을 궁금하게 여긴다. 그런 궁금증이 우리가 위치하고 있는 문제의 중심까지 여러분을 인도한 것이다. 나는 의대 재학 중에 처음으로 환자를 검사한 이후부터 신경학에 빠져들기 시작했다. 그 환자는 뇌졸중의 일종인 가성연수마비pseudo-bulbar palsy 증상을 보인 남성으로 통제할 수 없을 정도로 거의 몇 초에 한 번씩 웃고 울기를 반복했다. 그 환자의 증상은 가성연수마비가 순간적으로 반복되기 때문이라는 생각이 들었다. 나는 단지 즐거움이 빠진 기쁨과 거짓 눈물만 존재했던 것인지 궁금했다. 아니면 단축된 시간 주기로 조울증이 나타나듯이 실제로 그는 행복감과 슬픔을 반복적으로 느꼈던 것일까?

앞으로 이 책을 통해 환상사지의 원인은 무엇인가, 우리가 신체 이미지를 구축하는 방법은 무엇인가, 예술의 원리는 존재하는가, 은유란 무엇인가, 어떤 사람들이 음조를 색깔처럼 보는 이유는 무엇인가, 히스테리란 무엇인가 등 많은 질문을 던질 것이다. 질문 가운데 일부는 내가 직접 답하겠지만 나머지, 예를 들어 '의식은 무엇인가' 같은 질문에 대한 답은 어쩔 수 없이 정의하기 어려운 상태 그대로 남겨둘 것이다.

그러나 내가 답을 하느냐 하지 않느냐는 상관없이 여러분이 적어도 이 분야에 대해 더 많은 것을 알려고만 한다면 실제 목적하는 것보다 더 많은 것을 얻을 수 있을 것이다. 좀더 깊이 있는 연구를 하고자 하는 독자들은 책 뒷부분에 주석과 참고문헌을 참고하기 바란다. 동료인 올리버 색스Oliver Sacks는 자신이 쓴 책을 가리키며 "라마, 진정한 책은 주석과 참고문헌 속에 있다네"라고 말한 바 있다.

이번 강의의 영광을 자원하여 검사를 받는 동안 센터에서 참고 기다려주신 환자들에게 돌리고 싶다. 학회에서 지식인 동료들에게서 배운 것보다 뇌에 손상을 입은 환자들과의 대화를 통해 더 많은 것을 배웠다.

1

뇌 속의 환상

뇌 정복의 시대

지난 300년 간, 인류는 '과학혁명'이라는 인류 사상의 지각변동을
경험했다. 이런 변화들은 우주 속에 있는 우리 자신과 그 위치를
보는 관점에 중대한 영향을 미쳤다. 그 예로 우선, 지구는 우주의
중심이 아니며 태양 주위를 회전하는 수많은 티끌 가운데 하나일
뿐이라는 '코페르니쿠스 혁명'을 들 수 있다. 그리고 지난날 바로
이 강의실에서 토머스 헨리 헉슬리도 강조한 바 있는, 우리는 천사
가 아니라 털 없는 원숭이에 불과하다는 '다윈 혁명'이 그 뒤를 잇
는다. 그 다음은 프로이트의 '무의식의 발견'이다. 우리가 스스로
자신의 운명을 책임져야 한다는 주장과는 달리, 우리의 행동 대부
분은 우리가 의식하지 못하는 수많은 동기와 감정의 지배를 받는
다는 생각이다. 간단히 말하면 우리의 의식적인 삶은 단지 우리가
다른 이유로 한 행위를 사후에 정교하게 합리화시킨 것일 뿐이라

는 것이다.

이제 우리는 이 모든 것들 가운데 가장 위대한 혁명이 될 '뇌 정복'을 향해 한 발, 한 발 나아가고 있다. 이전의 과학혁명들과는 달리, 인간의 뇌 정복은 외부세계나 우주 혹은 생물학이나 물리학이 아니라 우리 자신에 관한 문제이다. 또한 앞서 언급한 혁명들을 가능하게 만든 것은 바로 인간의 뇌다. 따라서 인간의 뇌를 정복하는 순간 인류의 역사는 새로운 전환점을 맞게 될 것이다. 인간의 뇌에 대한 이런 통찰이 과학자들뿐 아니라 인류 전체에 중대한 영향을 미칠 것임은 자명하다. 그리고 그런 통찰을 통해 C. P. 스노가 말한 두 개의 문화, 과학 분야와 예술과 철학을 포함한 인문학 분야를 서로 연결시킬 수 있다는 사실을 여기서 강조하고자 한다.

인간의 뇌에 대해서는 이미 많은 연구가 행해졌으므로 이 강의에서 내가 할 수 있는 일은 포괄적인 것보다는 다소 인상적인 연구 사례를 알리는 것이다. 이번 강의를 통해 매우 다양한 소재를 다룰 예정이지만, 그 모든 소재 속에 반복해서 나오는 주제는 두 가지다. 첫째는 우리가 그동안 희귀하거나 혹은 단순히 예외적인 것으로 가볍게 생각해온 신경 이상과 관련된 증후군neurological syndromes을 연구함으로써 때로는 정상적인 뇌의 작동 원리와 기능에 대한 진기한 통찰력을 얻을 수 있다는 점이다. 둘째는 수많은 뇌의 기능들을 설명할 수 있는 최상의 도구가 진화론적인 관점이라는 사실이다.

뇌의 기본 구조와 기능

인간의 뇌는 우주에서 가장 복잡한 구조를 지니고 있다고들 한다. 여러분들이 만약 뇌의 복잡성을 평가하고 싶다면 몇 가지 숫자들을 눈여겨볼 필요가 있다. 인간의 뇌는 1,000억 개의 신경세포, 즉 뉴런neuron으로 구성되어 있다. 이것이 신경계(그림 1.1)의 기본 구조 단위이자 기능 단위를 이룬다. 각 뉴런은 다른 뉴런과 1,000개에서 1만 개에 이르는 접합부를 형성하는데, 이를 시냅스synapse라고 부른다. 각종 정보 교환이 일어나는 곳이 바로 시냅스다. 이런 사실을 토대로 가능한 뇌 활동의 순열과 조합의 수는 이미 밝혀진 우주상의 소립자의 수를 능가하는 것으로 나타났다. 일반상식이라고 할지라도 나는 풍부한 우리의 정신적 삶(우리의 모든 감정, 정서, 사고, 야망, 성생활, 종교적인 감회, 심지어 우리 개개인이 마음속 깊이 개인적인 자아로 간주하는 것까지도)이 단순히 우리의 머릿속에, 우리의 뇌 속에 들어 있는 소량의 젤리에 의한 활동이라는 사실에 놀라움을 감출 수 없다. 이것이 전부다.

그렇다면 이토록 놀라울 정도의 복잡성을 지닌 뇌를 설명하려면 어디서부터 시작해야 할까? 일단 기본적인 해부학부터 시작해보자. 21세기에 살고 있는 우리들 대부분은 뇌가 어떻게 생겼는지 대략적으로 알고 있다. 인간의 뇌는 좌우대칭인 두 개의 대뇌반구로 이루어져 있으며, 뇌간이라는 가느다란 버팀목의 끝에 걸려 있는 호두와 유사하게 생겼다. 각 반구는 전두엽, 두정엽, 후두엽, 측

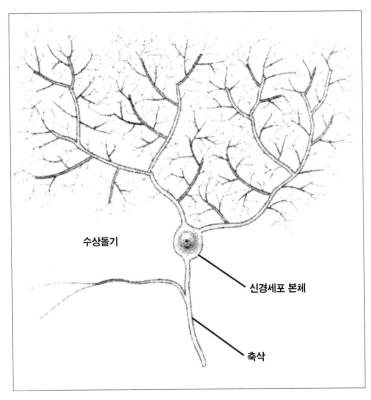

수상돌기

신경세포 본체

축삭

그림 1.1 다른 뉴런으로부터 정보를 받아들이는 수상돌기와 다른 뉴런으로 정보를 전달하는 한 가닥의 기다란 축삭을 나타낸 그림.

두엽으로 나뉜다(그림 1.2). 머리 뒤편에 위치한 후두엽은 시각과 관련이 있다. 따라서 이곳이 손상되면 시각장애가 나타난다. 측두엽은 청각, 감정, 시각적인 인지와 관련이 있다. 두정엽은 머리 측면에 위치하고 있으며, 외부세계와 신체의 공간 배치를 3차원으로 표현한다. 마지막으로 전두엽은 이 중에서 가장 신비한 역할을 담

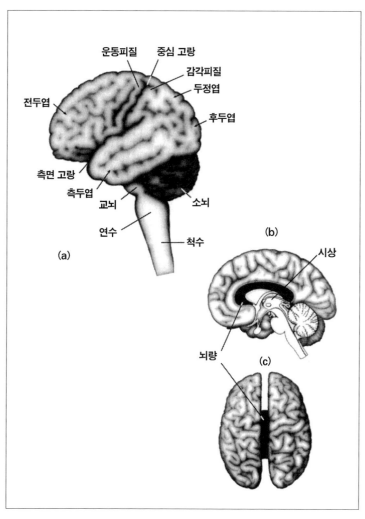

그림 1.2 인간의 뇌 해부도. (a) 좌뇌반구의 왼쪽 부분. 네 개의 엽(葉)을 보자, 전두엽, 두정엽, 측두엽, 후두엽. 중심 고랑 혹은 롤란드 고랑(rolandic sulcus)을 따라 전두엽과 두정엽이 나뉘고, 측면 고랑 혹은 실비우스 고랑(sylvian fissure)을 따라 측두엽과 두정엽으로 나뉜다. (b) 좌뇌반구의 내피. 검은색으로 뚜렷하게 표시된 뇌량과 중앙에 흰색으로 표시된 시상을 보자. 뇌량은 두 개의 대뇌반구를 연결시킨다. (c) 위에서 본 두 개의 대뇌반구.

출처: (a) : 라마찬드란, (b) 와 (c) : 1993년 제키(Zeki)의 그림 재구성.

당하는 부위로 도덕 의식, 지혜, 야망, 그 외 우리가 잘 알지 못하고 있는 마음의 활동처럼 불가사의한 인간의 마음과 행동에 관여한다.

인간의 뇌를 연구하는 방법에는 몇 가지가 있지만 나는 뇌의 일부를 다쳤거나 뇌에 변화가 생긴 사람을 관찰하는 방법을 사용한다. 흥미롭게도 뇌의 특정 부위가 손상된 사람들은 전체적으로 인식 능력이 저하되는 고통을 당하지는 않는다. 다른 기능은 제대로 발휘되는 대신 어떤 특정 기능이 선택적으로 상실된다. 이런 사실은 영향을 받은 뇌 부위가 상실된 기능과 관련이 있다는 점을 잘 보여준다. 많은 예를 들 수 있지만 여기서는 내가 즐겨 사용하는 몇 가지 사례만을 소개하고자 한다.

카프그라 망상 환자의 경우

우선, 안면인식장애prosopagnosia를 살펴보자. 뇌의 양 측면에 존재하는 측두엽의 방추이랑fusiform gyrus에 손상을 입은 사람은 다른 사람의 얼굴을 인식하지 못할 수 있다(그림 1.3). 하지만 여전히 책을 읽을 수는 있으며, 장님도 정신병자도 아니다. 그러나 얼굴만 쳐다보고서는 그 사람이 누군지를 인식하지 못한다.

안면인식장애는 매우 잘 알려진 반면, 카프그라 증후군Capgras syndrome은 사람들에게 잘 알려져 있지 않다. 얼마 전 진찰을 받은

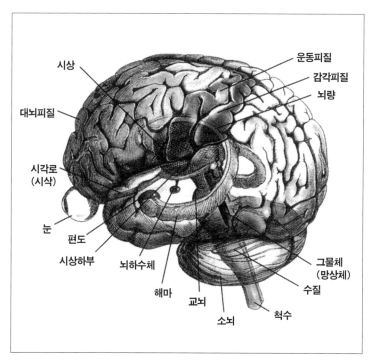

시상
대뇌피질
시각로 (시삭)
눈
시상하부
편도
뇌하수체
해마
교뇌
소뇌
척수
운동피질
감각피질
뇌량
그물체 (망상체)
수질

그림 1.3 내부구조를 볼 수 있도록 부분적으로 투명하게 그려진 둘둘 말린 피질이 표현된 뇌 그림. 검게 표시된 시상은 중앙에 위치하고 있다. 시상과 피질 사이에는 그림에는 표시되지 않았지만 기저핵이라는 세포가 있다. 측두엽의 앞쪽 부분에 기억과 관련된 해마가 있다. 편도 외에도 시상하부와 같은 변연계의 일부를 볼 수 있다. 변연계는 감정적인 각성을 조정한다. 두 개의 대뇌반구는 수질, 교뇌, 중간뇌(중뇌)로 구성된 뇌간을 따라 척수와 연결되어 있다. 후두엽 아래 소뇌는 주로 움직임과 타이밍 조절에 관여한다. 측두엽의 안쪽 밑에 얼굴 인식 처리에 관여하는 방추이랑이 있다. 방추이랑으로부터 신호를 받는 편도가 그림 속에 명확하게 드러난다.

출처: EBC(Educational Broadcasting Corporation)의 블룸(Bloom)과 레이저슨(Laserson)이 집필한《뇌, 정신, 행동》(1988). W. H. 프리먼 앤드 컴퍼니(W. H. Freeman and Company)로부터 허가를 받아 사용.

어느 환자는 교통사고를 당하고 머리에 충격을 받아 의식불명 상태에 빠졌다. 몇 주 후 혼수상태에서 벗어난 그 환자를 내가 진찰했을 때, 신경계에는 아무런 이상이 없었다. 그러나 그는 심한 망상에 빠져서 친어머니를 보고도 나에게 "의사 선생님, 이 여자는 우리 엄마와 똑같이 생겼지만 우리 엄마가 아니라 사기꾼입니다"라고 말했다. 왜 이런 일이 발생할까? 앞으로 데이비드라고 부를 이 환자는 다른 면에서는 지극히 정상이라는 점을 명심하자. 데이비드는 지적이고 민첩하며 적어도 미국인 기준에서 영어도 유창하게 구사할 정도고 다른 정서적인 장애도 입지 않았다.

우선 그가 가지고 있는 장애를 이해하기 위해서 여러분들은 뭔가를 본다는 것이 간단한 과정이 아니라는 사실을 깨달아야 한다. 아침에 눈을 떴을 때 모든 것이 여러분의 눈앞에 펼쳐져 있기 때문에 아무런 노력 없이도 즉각적으로 일어나는 현상이라고 생각하기 쉽다. 그러나 실제 여러분의 두 눈동자 속에는 위아래가 바뀐 세상의 왜곡된 작은 형상이 있을 뿐이다. 이 작은 형상이 망막 속에 광수용체photoreceptor를 자극하면 그 형상 정보는 시신경을 따라 여러분의 뇌 뒤쪽으로 이동한다. 각각의 정보는 뇌 뒤편에 있는 서로 다른 30개의 시각영역에서 분석되고, 이런 과정을 거친 뒤 여러분은 마침내 지금 보고 있는 것을 인식하게 된다. 그 형상이 여러분의 어머니인가? 뱀인가? 아니면 돼지인가? 이와 같은 인식과정은 뇌에 있는 방추이랑이라는 작은 영역에서 시행된다. 이 영역이 손상된 환자들은 안면인식장애 증세를 나타낸다.

일단 형상이 인식되면 그 정보는 편도라는 구조에 전달된다. 때로는 편도를 감정중추인 변연계의 통로라고 부르기도 한다. 여러분은 변연계를 통해 지금 보고 있는 사물의 감정적인 중요성을 가늠할 수 있다. 약탈자의 형상일까? 내가 쫓을 수 있는 먹이일까? 잠재적인 친구일까? 아니면 내가 두려워하는 부서장일까? 나한테별 볼일 없는 이방인일까? 떠내려가는 하찮은 부목 조각일까? 그것은 과연 무엇일까?

방추이랑과 모든 시각영역이 지극히 정상이기 때문에 데이비드의 뇌는 앞에 서 있는 사람이 그의 어머니처럼 보인다고 말한다. 그러나 사고로 시각중추와 편도, 감정중추를 연결시키는 전선이끊어졌다. 따라서 데이비드는 자신의 어머니를 보고 있으면서도 '어머니와 똑같이 생겼지만 그녀가 자신의 어머니라면 왜 내가 아무것도 느낄 수 없는 것일까? 아니, 어머니일 리가 없어. 그것은 단지 어머니 흉내를 내는 이방인일 뿐이야'라고 생각한다. 이때 데이비드의 뇌에서는 그런 생각만이 의미를 지니는 것이다.

데이비드의 생각을 검사할 수 있는 방법은 없을까? 나는 제자인빌 허스테인Bill Hirstein과 함께 라 호야에서, 헤이든 엘리스Haydn Ellis와 앤드류 영Andrew Young은 영국에서 각각 피부전류반응을 측정하는 매우 간단한 실험을 했다(5장 참고).[1] 우리가 예상한 것처럼데이비드의 뇌에서는 시각과 감정을 연결해주는 고리가 단절되어있었다. 더욱 놀라운 사실은 데이비드의 어머니가 그에게 전화를할 경우 데이비드는 그녀의 목소리를 통해 어머니임을 인식한다.

여기에는 아무런 망상도 발생하지 않는다. 그러나 1시간 뒤 그의 어머니가 방문으로 들어서면 그는 그녀가 어머니처럼 보이지만 실제로는 사기꾼이라고 말한다. 이와 같은 일이 벌어지는 이유는 위관자이랑superior temporal gyrus에 있는 청각피질에서부터 편도까지 이어진 별도의 통로가 있으며, 그 통로는 사고에도 불구하고 단절되지 않았기 때문이다. 따라서 시각 인식은 사라진 반면, 청각 인식은 손상되지 않고 온전하게 남아 있는 것이다.

이와 같은 사례가 바로 우리가 연구하는 행동을 통한 인지신경과학cognitive neuroscience의 좋은 예다. 이를 통해 여러분은 환자가 자신의 어머니가 사기꾼이라고 주장하는 이상하고 이해할 수 없는 신경학적 증후군 현상을 접하고 뇌 속에 이미 알려진 신경경로들을 통해 간단한 설명을 할 수 있는지 엿볼 수 있다.

시각적 이미지에 대한 우리의 감정 반응은 우리가 생존하는 데 매우 중요한 요소이다. 그러나 뇌의 시각중추와 변연계 혹은 뇌의 감정중추 사이에 연결고리가 존재한다는 사실은 또 하나의 흥미로운 질문을 던진다. 예술이란 무엇인가? 뇌는 어떤 방식으로 아름다움에 반응할까? 시각과 감정 사이에 이러한 연결고리가 존재하고, 예술이 시각적 이미지에 대한 미적 감정의 반응을 포함한다면, 그 연결고리는 분명히 예술과 관련이 있을 것이다. 이와 관련된 내용을 다음 강의에서 다룰 것이다.

환상사지 환자의 경우

뇌 속에 있는 복잡한 연결고리들이 게놈에 의해 태아기에 형성된 것일까, 아니면 우리가 세상과 상호작용을 하기 시작한 초기 유아기에 형성된 것일까? 이것이 소위 본성/양육nature/nurture 논쟁이며, 다음 사례인 환상사지phantom limbs의 핵심이다. 대부분의 사람들은 환상사지의 의미를 알고 있다. 악성 종양이나 불의의 사고로 복원이 불가능할 정도로 상처가 생겨 팔을 절단한 환자가 절단된 팔의 존재를 계속 느끼는 현상이 환상사지다. 그 좋은 예로 전쟁 중에 팔 하나를 잃었음에도 그 후로 오랫동안 환상 팔을 생생하게 느낀 넬슨 경을 들 수 있다(넬슨 경은 실제로 비육체적인 영혼의 존재에 대한 잘못된 논쟁에 환상 팔을 이용하여 "팔이 물리적으로 파괴되었음에도 존재한다고 하면, 몸 전체에 적용할 수 없는 이유는 무엇인가?"라고 질문했다).

예전에 왼쪽 팔꿈치 위로 절단된 환자가 있었다. 나는 눈이 가려진 채 내 사무실에 앉아 있는 그의 신체 가운데 다른 부위를 살며시 만지면서 그에게 내가 만지는 곳이 어딘지 물었다. 모든 것이 예상대로였다. 그러나 내가 그의 오른쪽 뺨을 만지자 그는 "제기랄! 당신은 지금 나의 왼쪽 엄지손가락을 만지고 있소"라고 외쳤다. 그도 나만큼 놀랐던 것 같다. 그의 윗입술을 만지자 그는 환상 집게손가락에서 감각을 느꼈으며, 그의 아래턱을 만지자 환상새끼손가락에서 감각을 느꼈다. 그의 얼굴 표면에는 잃어버린 환상 손의 완벽하고 체계적인 지도(그림 1.4)가 그려져 있었다.

왜 이런 현상이 일어나는 것일까? 카프그라 망상처럼 환상사지는 명탐정 셜록 홈스도 풀지 못하는 미스터리다. 도대체 무슨 일이 일어나고 있는 것일까? 그 해답은 바로 뇌 속에 있다. 신체의 왼쪽 피부 표면에서 발생하는 촉각 신호는 오른쪽 대뇌반구에, 중심뒤이랑post-central gyrus이라고 하는 정수리의 피질 조직 조각에 지도를 그린다. 실제로는 몇 가지 지도가 있지만 편의상 S1이라는 하나의 지도가 중심뒤이랑에 있다고 가정해보자. S1은 전체 신체 표면을 잘 표현하는데, 마치 뇌의 표면에 난쟁이가 걸쳐 있는 것 같다(그림 1.5). 우리는 이 사람을 펜필드 호문쿨루스Penfield homunculus라 부르는데, 대부분이 연속적이다. 그러나 한 가지 특이한 사항이 있다. 이 지도상에서 얼굴을 대표하는 곳이 예상했던 목 근처가 아니라 손을 대표하는 곳 바로 다음 지점이라는 사실이다. 머리는 뒤죽박죽이다(이렇게 정돈되지 않은 이유는 아마도 계통발생이나 초기 모태 내 생활 혹은 초기 유아기에 뇌가 발달한 방식과 관련이 있는 듯하다). 나는 이를 통해 실제로 무슨 일이 일어나고 있는지 실마리를 얻었다.

팔이 절단되면, 손에 상응하는 뇌피질의 일부는 아무런 신호를 받지 못한다. 이렇게 되면 뇌피질은 감각이 입력되기를 바라며, 얼굴 피부에서 나오는 감각은 인접한, 잃어버린 손에 상응하는 빈 영역을 침공한다. 그런 다음 얼굴에서 나오는 신호는 잃어버린 손으로부터 나오는 것처럼 뇌의 상위 중추에 의해 잘못 해석된다.[2] 이런 신호의 특이성은 매우 강제적이기 때문에 얼굴에 얼음 조각이

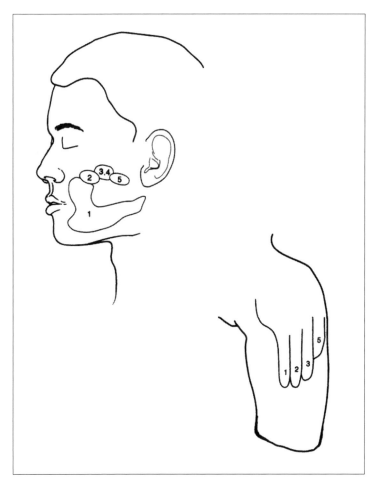

그림 1.4 환상 손과 관련된 감각을 일으키는 신체 표면상의 지점들(이 환자의 왼쪽 손은 이 검사가 있기 10년 전에 절단되었다). 얼굴과 왼쪽 팔뚝에 1에서 5까지 모든 손가락의 완벽한 지도가 표시되는 것을 보라. 이 두 부위로부터 감각이 발생하면 시상이나 피질에서 손에 해당하는 뇌 영역을 활성화시킨다. 따라서 이런 지점들이 만져지면 잃어버린 손으로부터 감각이 느껴진다.

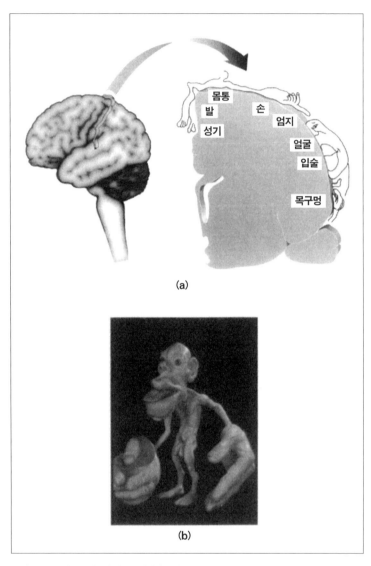

(a)

(b)

그림 1.5 (a) 뇌의 중심고랑 뒤쪽 표면상에 표현되는 신체 모습. 호문쿨루스는 대부분 위아래가 바뀌어 있다. 발은 머리 상단 부근 두정엽의 안쪽 면에 걸쳐 있으며, 얼굴은 바깥 면 바닥 부근에 위치하고 있다. 또한 얼굴 영역은 목 부근에 있지 않고 손 영역 아래 있으며, 성기는 발 아래쪽에 표현되어 있다. (b) 뇌 속의 난쟁이, 펜필드 호문쿨루스의 기발한 3차원 형상.

나 따뜻한 물을 부어도 환상사지를 차갑게 혹은 따뜻하게 만드는 결과를 초래할 것이다. 빅터라는 환자는 자신의 얼굴에 물이 똑똑 떨어지기 시작하자 자신의 환상 팔에도 물이 똑똑 떨어지는 것을 느꼈다. 그가 팔을 올리자 물리학 법칙과는 반대로 물방울이 자신의 환상 팔을 따라 올라가는 것을 느끼고는 깜짝 놀랐다.

우리의 재배치remapping 혹은 혼선crosswiring 가설을 시험하기 위해 우리는 MEGmagnetoencephalography라는 뇌 영상화 기술을 사용했다. 이 기술을 통해 신체 여러 부위를 만질 경우 자극을 받는 뇌의 영역을 알 수 있다. 물론 우리는 빅터(그리고 다른 팔 절단 환자들)의 얼굴을 만지자 뇌의 얼굴 영역뿐 아니라 펜필드 지도의 손 영역 또한 활성화됨을 발견하였다(그림 1.6). 이 뇌 영상은 얼굴을 만졌을 때 피질의 얼굴 영역만을 활성화시키는 정상적인 뇌의 영상과 매우 다르다. 빅터의 뇌에서 혼선이 생겼음이 분명하며, 이 같은 사실은 뇌 해부학상의 변화, 뇌 감각지도상의 변화를 현상학 phenomenology과 관련지울 수 있도록 해주기 때문에 매우 중요하다. 생리학과 심리학의 이러한 연결은 인지신경과학의 중요한 목표 가운데 하나다.[3]

이러한 발견에는 함축적 의미가 내포되어 있다. 모든 의대생들이 배우는 지식 가운데 하나는 뇌 속의 연결고리들이 태아나 유아기 초기에 형성되며, 일단 한번 형성되고 나면 성인이 되어도 변하는 것은 아무것도 없다는 사실이다. 이것이 바로 뇌졸중처럼 신경계가 손상을 입으면 거의 기능이 회복되지 않는 이유다. 또한 우

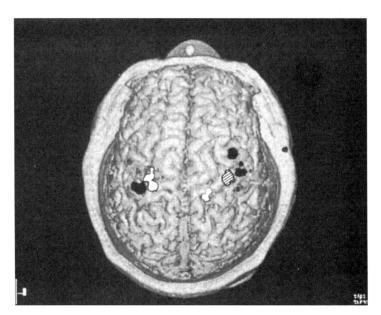

그림 1.6 오른쪽 팔꿈치 아래로 절단된 환자 뇌의 자기공명영상(MRI)에 MEG 이미지를 포개놓았다. 위쪽에서 내려다본 뇌의 모습이다. 우뇌반구는 펜필드 지도에 따라 피질의 오른손(빗금 친 부분), 얼굴(검은색), 팔뚝 위쪽(흰색) 영역에서 정상적인 활성을 보인다. 좌뇌반구에는 절단된 오른손에 상응하는 활성화가 나타나지 않지만, 얼굴과 팔뚝 위쪽의 활성이 그 부분까지 퍼져 있다.

리는 악명 높을 정도로 신경 관련 질환을 치료하기가 어려운 이유가 바로 그 때문이라고 배웠다. 딱 잘라서 내가 지켜봐온 바는 이런 견해와 모순되며, 나는 심지어 성인의 뇌에도 엄청난 유연성이 존재한다고 믿고 있다. 그런 뇌의 유연성은 환상사지 환자를 통한 5분짜리 실험으로 입증할 수 있다.

환상사지 환자의 거울 실험

아직 신체 지도의 유연성을 임상적으로 이용할 수 있는지는 명확하지 않지만, 나는 그와 같은 아이디어 가운데 일부가 임상학적으로 유용할 수 있음을 보여주는 또 하나의 사례를 언급하고자 한다. 일부 환자는 자신의 환상사지를 움직일 수 있으며, '잘 가라고 손을 흔들고 있다'거나 '당신과 악수를 하고 있다'고 말할 것이다.[4] 그러나 다른 환자는 자신의 환상 팔이 '마비되었다'거나, '딱딱하게 얼어붙었다'거나, '시멘트 같다'거나, 아니면 '1센티미터도 움직이지 않는다'고 말할 것이다. 종종 환상 손은 강제적으로 고통스럽게 주먹을 불끈 쥐게 만드는 경련을 일으키거나 환자가 변화시킬 수 없는 고통스러운 위치에 고정되기도 한다.

우리는 이런 환자 가운데 일부는 팔이 절단되기 전에 예를 들어, 팔이 마비되어 삼각건에 매다는 식의 신경 손상 경험이 있었다는 사실을 발견했다. 팔이 절단된 후 그 환자는 마치 마비가 환상 팔로 옮겨진 것처럼 마비된 환상 팔에 집착했다. 아마도 멀쩡한 팔이 마비되었을 때 뇌의 앞쪽 부위에서 '움직여'라는 명령을 전달할 때마다 '아니, 그 팔은 움직이려고 하지 않아'라고 말하는 시각적 피드백이 전달되었을 것이다. 그런 피드백이 어떤 식으로 두정엽이나 뇌의 임의 영역에 있는 회로에 각인되었을 것이다(우리는 이것을 '학습된 마비'라고 부른다). 이처럼 극히 이론적인 아이디어를 어떻게 검증할 수 있을까? 아마도 그 환자에게 환상사지가 뇌의

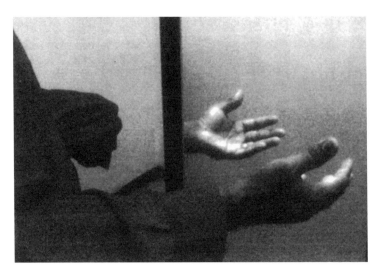

그림 1.7 환상 재현을 위해 사용된 '거울 상자'

명령에 따르고 있다는 시각적 피드백을 줄 수 있다면, 학습된 마비는 학습되지 않을 것이다.

우리는 환상사지를 느끼는 환자 앞에 놓인 탁자 위에 거울을 수직으로 설치하여 그 거울이 환자의 가슴 오른쪽에 오게 위치시켰다. 그리고 그에게 거울의 왼쪽 편에 마비된 환상 왼팔을 위치시키고, 거울 오른쪽 편에 있는 환자의 오른손으로 그 자세를 따라하도록 요구했다. 그런 다음, 우리는 환자에게 거울의 오른쪽을 보도록 요구했다. 즉 자신의 온전한 손의 거울에 비친 모습과 환상 팔이 느껴지는 위치가 포개져 보이도록 했다(그림 1.7). 이제 그에게 거울을 보면서 박수를 치거나 오케스트라를 지휘하는 것처럼 양손이 대칭이 되도록 움직여보라고 주문했다. 그가 갑자기 환상 팔의 움직임을 볼 뿐만 아니라 그 움직임을 느꼈을 때 그를 포함한 우리 모두가 얼마나 놀랐을지 상상해보라.

나는 다른 환자에게도 같은 실험을 되풀이했는데, 이러한 시각적 피드백이 환상사지를 움직이도록 만들었다. 전에는 전혀 불가능했던 환자들도 종종 몇 년 만에 처음으로 움직이기 시작했다. 많은 환자가 그런 갑작스러운 뇌의 자발적인 조절 감각과 환상사지의 움직임을 통해 환상사지에서 발생하는 고통 대부분의 원인인 경련이나 불편한 자세로부터 구제된다는 사실을 발견했다.[5]

거울을 이용해 환상 고통으로부터 구제될 수 있다는 사실이 놀랍지만 그런 방법을 온전한 팔이나 다리에서 발생하는 실제 통증에도 적용시킬 수 있을까? 우리가 일반적으로 고통을 하나로 생각하지만 실제로는 다른 기능을 위해 진화되었을지도 모르는, 적어도 두 가지 다른 종류의 고통이 있다. 급성통증은 예를 들어 불로부터 반사적으로 탈출하도록 하고, 또한 가시와 같이 유해하거나 통증을 유발하는 물체를 피할 수 있도록 학습하는 방향으로 진화했다. 골절이나 괴저 같은 만성통증은 또 다른 형태이다. 만성통증은 반사적으로 팔을 마비시키는 방향으로 진화했다. 따라서 완전히 치료가 될 때까지 추가적인 부상을 방지하며, 휴식을 취할 수 있게 만든다.

일반적으로 통증은 매우 유용한 적응 메커니즘으로 저주가 아닌 선물이다. 그러나 때로는 그 메커니즘이 기대에 어긋나는 결과를 초래하기도 한다. 우리는 종종 반사성 교감신경성 위축증RSD:

reflex sympathetic dystrophy 같은 특이한 임상증후군을 포함하는, '만성통증 1형'이라는 질병을 앓는 환자를 진료하기도 한다. RSD 환자의 경우 타박상이나 곤충 쏘임, 손가락 골절 같은 경상으로 시작해서 손 전체가 극심한 통증을 느끼고, 완전히 마비되며, 염증이 생기고 부어오른다. 주어진 자극과는 전혀 균형이 안 맞는다. 그리고 그 통증은 영원히 지속된다.

진화론은 우리가 그와 같은 일이 어떻게 발생하는지 이해하는 데 도움이 된다. 만성통증의 고유 목적이 회복을 위한 일시적인 마비라는 사실을 기억하자. 뇌가 운동명령을 팔에 하달하면 추가적인 움직임을 방해하는 강한 통증이 뒤따른다. 이는 일반적인 현상이지만, 때로는 그런 메커니즘이 제대로 작동하지 않고 내가 이름 붙인 '학습된 통증'으로 이어진다. 학습된 통증이란 팔을 움직이려고 시도하는 바로 그 행동, 즉 운동명령신호 그 자체가 병리학적으로 극심한 통증과 연관되는 것이다. 그 결과 자극이 사라진 지 한참 뒤에도 환자는 여전히 학습된 고통에서 발생한 의사마비 pseudoparalysis에서 벗어나지 못한다.

1995년에 나는 이러한 병리학적 만성통증 1형이 거울 시각 피드백으로 치료될 수 있다고 주장했다. 환자가 고통 때문에 움직이지 못하는 비정상적인 손과 시각적으로 겹쳐진, 정상적인 손의 반사된 이미지를 본다고 가정해보자. 자 이제 정상적인 손을 움직이면(한편으로 통증이 있는 손을 움직이려고 시도하면서), 환자는 그 비정상적인 손이 갑자기 회생하여 자유롭게 움직이는 것을 보게 될 것이다. 이와 같은 방법을 이용하면 RSD 환자의 뇌 속에 있는 팔의 움직임과 고통 사이의 가짜 연결을 학습하지 않도록 하는 데, 그 결과 고통을 제거하고 팔을 움직일 수 있도록 하는 데 도움이 될 것이다.

1995년에 이와 같은 생각은 터무니없는 아이디어에 불과했지만, 최근(2003) 매케이브McCabe 등은 위약placebo 대조 임상실험에서 9명의 환자를 대상으로 거울 치료를 실시했다. 거울을 사용한 많은 환자에게서 통증은 완전히 사라졌으며, 팔을 움직일 수 있게 되었다. 그러나 플렉시글라스(투명 합성수지)를 이용한 대조군에서는 아무런 변화도 일어나지 않았다. 그 결과가 너무 놀라워 통증과 위약 분야의 세계적인 전문가, 패트릭 월Patrick Wall이 공동 저자로 참여하지 않았다면 나는 의심을 할 뻔했다. 이것이 확정적이라면, 이러한 결과는 적어도 만성통증을 앓고 있는 일부 환자들을 위한 새롭고 효과적인 치료법을 약속할 것이다.[6]

공감각의 경우

사지가 절단됨으로써 때때로 일어나는 뇌의 혼선은 또한 유전자 돌연변이로 인해 생길 수도 있다. 뇌의 구성요소들이 분리된 상태로 있지 않고 우연히 혼선이 일어나면서, 19세기 프랜시스 골턴Francis Galton이 명확하게 기록한, 공감각synesthesia이라는 묘한 능력을 낳는다. 유전되는 것으로 보이는 공감각은 감각을 뒤섞는다. 예를 들어, 특정한 음계는 특정한 색깔을 떠오르게 만든다. C#은 빨간색, F#은 파란색 등등. 시각적으로 인식된 숫자도 유사한 결과를 초래한다. 5는 항상 빨간색, 6은 항상 녹색, 7은 항상 남색, 8은 항상 노란색 등등. 놀랍게도 공감각은 약 200명 가운데 1명꼴로 발생할 정도로 흔하다. 무엇이 이러한 신호의 뒤섞임을 일으킬까?

나는 제자 가운데 한 명인 에드 허버드Ed Hubbard와 함께 뇌 지도를, 특히 색에 대한 정보를 분석하는 방추이랑이라는 구조물을 유심히 들여다보았다. 우리는 숫자의 시각적 문자소graphemes가 표시되는 뇌의 숫자 영역이 그 숫자 영역과 인접한 방추이랑에도 있음을 목격했다. 사지 절단이 얼굴과 손 사이에 혼선을 초래할 수 있듯이, 공감각은 물려받은 유전적 이상 때문에 방추이랑에 존재하는 숫자 영역과 색 영역 사이의 혼선으로 발생하는 것처럼 보인다.

100년 전, 골턴이 공감각을 설명했음에도 이 현상은 신경과학에서 주류를 형성하지 못했다. 사람들은 종종 이들이 그저 미쳤거나 단순히 관심을 끌고자 한다고 생각했다. 또는 어린 시절의 기억과 어떤 관련이 있을지 모른다고 여겼다. 냉장고에 붙이는 자석이나 5는 빨간색, 6은 파란색, 7은 녹색으로 표시된 학습지에 대한 기억 같은 것 말이다. 하지만 만일 그렇다면 어떻게 그와 같은 기억이 유전될 수 있을까?

나는 동료들과 함께 공감각이 단순한 상상이나 기억이 아니라 실제로 존재하는 감각 현상이라는 사실을 입증하고 싶었다. 우리

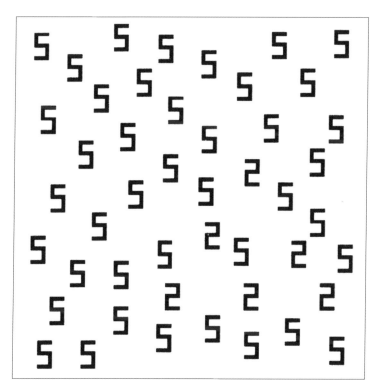

그림 1.8 공감각에 대한 임상 테스트. 이 영상은 무작위로 분포된 숫자 5 속에 끼워 넣은 숫자 2로 구성되어 있다. 공감각이 없는 사람은 삽입 모양(이 경우에는 삼각형 형태)을 식별하기가 대단히 어렵다. 숫자를 색깔과 함께 인식하는 공감각이 있는 사람들은 훨씬 더 쉽게 삼각형을 간파할 수 있다. (그림 4.1에 도식적으로 묘사되어 있음)

는 흰색 바탕에 검은색 숫자 5가 흩어져 있는 간단한 컴퓨터 디스플레이를 고안했다. 5들 가운데 어떤 숨겨진 형태를 이루는 숫자 2들을 끼워 넣었다(그림 1.8). 숫자들은 컴퓨터로 작성되었기 때문에, 2와 5는 정확히 대칭되었다. 이 패턴을 바라보는 대부분의 사람들은 무작위로 뒤범벅된 숫자들을 볼 뿐이지만, 공감각이 있는 사람들은 5는 녹색으로 보며 2는 녹색 숲 속에 뚜렷하게 보이는 빨간색의 삼각형으로 본다(그림 4.1에 도식적으로 묘사되어 있음).

정상적인 사람보다 공감각이 있는 사람이 이런 모양을 더 쉽게 인식할 수 있다는 사실은 그들이 미친 것이 아니라 실제 감각 현상을 경험하고 있음을 암시한다. 또한 어린 시절 기억과 관련이 있다거나 고도의 인지 현상이라는 설명을 배제시킨다. 제프리 그레이Jeffrey Gray, 마이크 모건Mike Morgan, 그리고 런던의 다른 이들뿐 아니라 라 호야의 우리 그룹도 뇌에서 혼선이 일어난다는 아이디어를 검사하고자 실험을 실시했다. 우리는 공감각이 있는 사람에게 흑백으로 된 숫자들을 보여주자 방추회의 색 영역이 활성화되는 것을 발견했다(정상인의 경우, 색 영역은 컬러로 된 숫자를 볼 때만 활성화된다).

통각마비 환자의 경우

환상사지, 공감각, 카프그라 증후군은 부분적이라도 신경회로를 통해 설명이 가능하다. 그러나 나는 통각마비pain asymbolia라는 더욱 희귀한 증후군 환자도 만난 경험이 있다. 놀랍게도 이 환자는 통증 자극을 가하면 '아야' 하고 반응하는 것이 아니라 그냥 웃기만 한다. 이렇게 고통 앞에서 웃는 사람이 있다니 너무 아이러니하다. 왜 어떤 사람은 이렇게 반응하는 것일까? 우리는 그보다 먼저

'사람은 왜 웃을까?' 라는 더 근본적인 질문에 답할 필요가 있다. 분명, 웃음은 고유하며, 모든 인간의 보편적인 특성이다. 모든 사회와 문명과 문화가 어떠한 형태로든 웃음과 유머를 가지고 있다. 그러나 웃음이 자연선택을 통해 진화한 이유는 무엇일까? 어떤 생물학적 목적이 숨어 있는 것일까?

모든 농담의 공통요소는 급소를 찌르는 말이나 구절처럼 이전 사실들에 대한 완전한 재해석을 필연적으로 수반하는 어떤 기대하지 못한 비틀기를 통해 사람들의 예상을 바꾸는 것이다. 분명, 갑작스러운 비틀기 그 자체만으로는 웃음을 자아내기 어렵다. 만약 그렇지 않다면 사람들은 패러다임 이동을 낳을 모든 위대한 과학적 발견에, 자신의 이론이 반박당한 사람조차도 박장대소할 것이다(자신의 이론이 반박당하고도 기뻐할 과학자는 하나도 없다. 내가 시험해보았으므로 믿어도 좋다). 재해석 자체만으로도 충분하지 않다. 웃음의 새로운 모델은 하찮아야 하며 결과도 사소한 것이라야 한다.

예를 들어, 풍채 당당한 신사가 자신의 차를 향해 걸어가다가 바나나 껍질을 밟고 넘어진다고 하자. 머리가 깨지고 피가 흐르면 분명 여러분은 웃지 않을 것이다. 당장 전화기가 있는 곳으로 달려가서 응급차를 부를 것이다. 그러나 만약 그 신사가 얼굴에 묻은 끈적거리는 이물질을 닦아내면서 주위를 돌아본 다음 그냥 일어난다면 여러분은 웃음을 터뜨릴 것이다. 나는 그 이유가 그것이 사소한 일이며, 그 신사가 아무런 피해도 입지 않았다는 것을 여러분이 알기 때문이라고 생각한다.

나는 웃음이 '그것은 잘못된 경보다'라고 알려주는 자연의 방식이라고 주장한다. 이와 같은 주장이 진화론적인 입장에서 유용한 이유는 무엇일까? 나는 리드미컬한 스타카토와 같은 웃음소리가 우리의 유전자를 공유하는 친족에게 '이와 같은 상황에 귀중한 자원을 낭비하지 말라. 그것은 잘못된 경보다'라는 사실을 알리기 위해 진화했다고 주장한다. 웃음은 자연이 말해주는 OK 신호인 것이다.

그러나 이것이 나의 통각마비 환자와 무슨 관련이 있을까? 설명을 해보자. 우리가 CT(컴퓨터단층촬영) 스캔으로 통각마비 환자의 뇌를 검사한 결과, 뇌의 양쪽 측면에 존재하는 섬 피질insular cortex 이라는 영역 주위가 손상되었음을 발견했다. 섬 피질은 내장과 피부로부터 통증 신호를 받아들인다. 바로 이곳에서 통증의 1차적 감각이 경험되지만 통증을 느끼기 위해서는 하나의 층만이 아니라 여러 층을 거쳐야 한다. 통증 신호는 섬 피질에서 앞서 카프그라 증후군을 설명할 때 언급한 편도로 전달된다. 그런 다음 변연계, 특히 앞띠이랑anterior cingulate으로 전달되고 여기서 통증에 대한 감정적인 반응이 나타난다. 우리는 통증의 쓰라림을 경험하고 적당한 행동을 취한다.

따라서 앞서 언급한 환자의 경우 섬 피질은 정상이었기 때문에 통증은 느낄 수 있었다. 그러나 카프그라 증후군과 유사하게 섬 피질에서 변연계와 앞띠이랑으로 이어진 선이 단절된 것으로 보였다. 이와 같은 상황은 웃음과 유머에 필요한 두 가지 핵심 요소를 형성시킬 것이다. 뇌의 일부분에서는 잠재 위험에 대한 신호를 보내지만 바로 옆의 또 다른 부위인 앞띠이랑에서는 확인 신호를 받지 못함으로써 '그것은 잘못된 경보다'라는 결론에 도달한다. 따라서 그 환자는 웃음을 터트린 후 그 웃음을 주체하지 못한다.

누군가를 간지를 때도 똑같은 현상이 발생한다. 어른이 아이의 신체 가운데 취약한 부분을 향해 위협적으로 손을 뻗으면서 다가간다. 그런 다음 가볍게 간질이면서 잠재 위협의 정도를 점차 줄인다. 이와 같은 잠재 위협을 감소시키는 절차는 성숙한 성인들 사이의 유머에서도 마찬가지다.

스스로를 이해하려는 뇌의 모험

앞서 언급한 증후군들은 우리가 신경학적으로 이상한 현상들을 들여다봄으로써 정상적인 뇌의 기능에 대해 상당히 많은 것을 배울 수 있음을 알려준다.[7] 내가 《라마찬드란 박사의 두뇌실험실 Phantoms in the Brain》에서 말했듯이,

자신의 기원을 알아내고자 자신의 어깨 너머로 뒤돌아볼 수 있는 종으로 진화한 털 없는 유성생식 유인원에게는 뭔가 특이한 것이 있다. 그 유인원의 뇌는 다른 뇌가 어떻게 작동하는지를 발견할 수 있을 뿐 아니라 자신에 대해서도 질문을 던질 수 있다. 나는 누구인가? 내가 존재하

는 의미는 무엇인가? 내가 웃는 이유는 무엇인가? 나는 왜 꿈을 꾸는가? 내가 예술과 음악, 시를 즐기는 이유는 무엇인가? 나의 마음은 나의 뇌 속에 있는 신경세포의 활동으로만 이루어진 것인가? 그렇다면 자유의지가 발현되는 영역은 어디인가? 뇌가 스스로를 이해하려고 분투할수록 신경학을 흥미롭게 만드는 것은 이런 질문의 특이한 회귀적 성질이다.

다음 세기에 이와 같은 질문에 대해 답할 수 있을 것이라는 기대감은 우리의 마음을 들뜨게 하면서도 한편으로는 불안하게 만들지만, 분명한 것은 이것이 우리 인간이 시작한 가장 위대한 모험이라는 사실이다.

2

뇌는 어떻게 세상을 보는가

시각 경험은 어떻게 이루어지는가

세상을 지각하는 우리의 능력은 너무도 손쉬운 것처럼 보이기 때문에 우리는 그것을 당연한 것처럼 받아들인다. 그러나 거기에 포함된 문제를 생각해보자. 눈에는 두 개의 작고, 거꾸로 뒤틀린 이미지가 맺히지만 우리가 보는 것은 우리 앞에 놓인 선명한 3차원의 세계이다. 리처드 그레고리Richard Gregory는 이런 변형을 기적과 같은 일이라고 했다. 이런 변형은 어떻게 이뤄지는 것일까? 지각이란 무엇일까?

일반적인 오류 가운데 하나는 우리의 눈 안에 어떤 이미지가 있다는 가정이다. 즉 어떤 시각적 이미지가 우리 망막의 광수용체를 자극하고, 시신경이라는 케이블을 따라 그대로 전달되어 시각피질 visual cortex이라는 스크린에 표시된다는 생각이다. 이것은 명백한 논리적 오류인데, 왜냐하면 우리가 뇌 속의 스크린에 표시되는 어떤 이미지를 갖는다면, 우리의 뇌 속에는 그 이미지를 볼 수 있는 누군가가 있어야만 하고, 그 사람 역시 자신의 뇌 속에 또 다른 사람이 필요하며, 이런 식으로 무한히 반복되기 때문이다.

지각을 이해하기 위한 첫 단계는 뇌 속의 이미지라는 개념은 잊어버리고, 대신에 외부세계의 대상과 사건에 대한 어떤 변형 혹은 상징적 재현을 생각하는 것이다. 글쓰기라 불리는 짧고 불규칙한 잉크 곡선들이 물리적으로 유사성이 없는 어떤 대상을 상징하거나 재현할 수 있는 것처럼, 뇌 속 신경세포의 행동, 그 발화의 패턴이 외부세계의 대상과 사건을 재현하는 것이다. 신경과학자는 낯선 언어를 해석하기 위해 노력하는 암호해독자와 비슷하다. 외부세계를 재현하기 위해 신경계가 사용하는 바로 그 언어를 말이다.

이 장에서는 우리가 사물을 보는 과정, 우리 주위의 사물을 의식적으로 인지하는 방법에 관해 이야기할 것이다. 1장에서처럼 특이한 시각적 결함을 가진 몇몇 환자의 사례들로 시작해서, 의식적인 경험의 본질을 이해하기 위해 이러한 증후군이 내포하는 더 큰 의미를 살펴볼 것이다. 어떻게 뇌의 시각 영역에 있는 원형질 덩어리에 불과한 신경세포의 활동이 그토록 풍부한 의식적 경험을 낳는 것일까? 어떻게 빨간 것을 빨갛다고 보고 파란 것을 파랗다고 보며, 연인과 강도를 구분할 수 있는 것일까?

뇌 속의 시각 시스템

우리 영장류는 고도로 시각적인 생명체이다. 우리는 단지 하나의 시각 영역, 시각피질을 가지고 있는 것이 아니라 우리 뇌의 뒤쪽에 세상을 볼 수 있도록 해주는 30개의 영역이 있다. 왜 하나가 아닌 30개의 영역이 필요한지는 명확하지 않다. 아마도 각 영역이 시각의 상이한 측면에 맞게 특화되어 있는 듯하다. 예를 들어, V4라는 영역은 주로 색에 대한 정보를 처리하고 색을 보는 역할을 하는 반면, MT라는 두정엽의 다른 영역은 주로 움직임을 보는 역할을 한다.

이에 대한 가장 놀라운 증거는 V4라는 색깔 영역이나 MT라는 운동 영역이 손상되어 경미한 장애를 지닌 환자들에게서 찾을 수 있다. 예를 들어, 뇌 양쪽의 V4가 손상되면 대뇌피질성 색맹 혹은 완전색맹achromatopsia이라는 증후군을 낳는다. 색맹 환자는 흑백영화와 같이 무채색으로 세상을 보게 되지만, 신문을 읽고 사람들의 얼굴을 구분하고 움직이는 방향을 보는 데 아무런 문제가 없다. 반대로 MT가 손상되면 그 환자는 여전히 책을 읽고 색을 볼 수 있지만 무엇이 얼마나 빨리, 어느 방향으로 움직이는지는 볼 수 없다.

이런 장애를 안고 있는 취리히의 한 여성은 길 건너기를 두려워했는데, 그녀에게는 자동차가 움직이는 것이 아니라 마치 디스코텍의 섬광전구에 비추인 것처럼 일련의 정적인 이미지들로만 보였기 때문이다. 그녀는 자신에게 다가오는 차의 색깔과 번호판은 볼 수 있었지만, 얼마나 빠른 속도로 달려오는지를 알 수 없었다. 심지어 잔에 와인을 따르는 것도 시련이었다. 얼마만큼 따랐는지 측정할 수 없었기 때문에 항상 와인이 흘러넘치곤 했다. 대부분의 사람들은 별 생각 없이 길을 건너거나 와인을 따른다. 무언가가 잘못되었을 때에만 우리는 시각의 메커니즘이 실제로 얼마나 미세한지, 그 과정이 얼마나 복잡한지 깨닫는다.

비록 처음엔 뇌 속에 30개의 시각영역이 있다는 사실에 어리둥절하겠지만, 이에 관한 조직의 전체 설계도가 있다. 망막에서 보낸 정보는 시신경을 통해서 뇌 속에 존재하는 2개의 시각중추로 전달된다. 그 가운데 하나는 내가 옛 시스템이라 부르는 진화론적으로 오래된 경로인데, 뇌간에 있는 위둔덕superior colliculus이라는 구조물을 포함한다. 두 번째 경로, 즉 새로운 경로는 뇌의 뒤쪽에 있는 시각피질로 간다(그림 2.1). 새 경로는 우리가 일반적으로 시각이라 간주하는 대부분의 활동, 의식적으로 대상을 인식하는 것과 같은 활동을 한다. 반면에 옛 경로는 시야에 들어오는 대상의 공간적 위치와 관련이 있어서, 그것을 향해 손을 뻗거나 그쪽으로 눈을 돌리게 한다. 옛 경로는 망막의 매우 뾰족한 중심오목high-acuity central foveal 영역이 대상을 향하도록 한다. 그 결과, 새 시각 경로는 그 대상물을 확인하고, 그것을 먹거나 교배하거나 그것으로부터 도망가거나 그것의 이름을 부르는 것과 같은 적절한 행동을 하도록 지시한다.

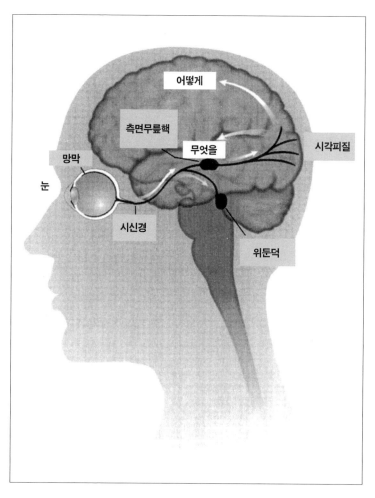

그림 2.1 시각 경로들의 해부학적인 구조. 왼쪽에서 본 좌뇌반구의 개략도. 눈동자에서 출발하는 섬유들은 두 개의 평행선으로 나뉜다. 새 경로는 측면무릎핵(lateral geniculate nucleus)으로 가고, 옛 경로는 뇌간의 위둔덕으로 간다. 새 경로는 시각피질에 이르러 다시 두 개의 경로(흰 화살표)로 나뉜다. 하나는 두정엽의 '어떻게'의 경로로, 대상을 움켜쥐고, 위치를 추적하고, 기타 공간적 기능과 관계한다. 다른 하나는 측두엽의 '무엇을'의 경로로, 대상을 인지하는 것과 관계한다. 이 두 경로는 미국국립보건원의 레슬리 웅거라이더(Leslie Ungerleider)와 모티머 미슈킨(Mortimer Mischkin)이 발견했다.

맹시 환자의 경우

옥스퍼드의 래리 와이스크란츠Larry Weiskrantz와 앨런 코웨이Alan Cowey, 독일의 에른스트 포펠Ernst poppel은 맹시blindsight라는 비정상적인 신경증후군을 발견했다. 1세기가 넘는 동안, 뇌의 어느 한쪽 편에서 새 시각 경로의 일부인 시각피질이 손상되면 반대편에서 맹시가 초래된다고 믿었다. 예를 들어 오른쪽 시각피질이 손상된 환자는 그의 코를 기준으로 왼쪽에 있는 모든 것, 기술적으로 왼쪽 시야를 볼 수가 없다. 와이스크란츠는 이런 질병을 앓고 있는 GY라는 환자를 진찰하면서 매우 신기한 현상을 발견했다. 환자가 볼 수 없는 영역에 작은 불빛을 비춰주고 GY에게 무엇을 보았는지를 묻자 예상대로 GY는 아무것도 볼 수 없었다고 말했다. 와이스크란츠는 다시 환자에게 볼 수는 없지만 그 불빛을 가리켜보고, 만져보라고 요구했다.

GY는 볼 수 없는 것을 어떻게 가리킬 수가 있겠느냐고 되물었다. 하지만 와이스크란츠는 일단 한번 시도해보라고 요구했고, GY는 놀랍게도 정확하게 그 점을 지시했다. 많은 실험을 거친 결과 환자 자신의 선택이 맞는지 틀렸는지는 모르지만 예측을 통해서 99퍼센트의 정확성을 가지고 물체를 지시할 수 있음을 알게 되었다. 보지도 못하는 사물을 어떻게 만질 수 있을까?

그 대답은 너무나 자명하다. GY가 앞을 볼 수 없는 이유는 새 경로인 시각피질이 손상을 입었기 때문이다. 하지만 GY는 이를 보완해줄 수 있는 옛 경로 즉, 뇌간과 위둔덕으로 이어지는 또 하나의 경로를 가지고 있음을 상기하자. 그래서 시각피질이 손상될 경우, 눈과 시신경에서 받아들인 정보가 시각피질에 전달되지 못하더라도 공간에 있는 물체의 위치를 환자에게 알려주는 통로, 즉 위둔덕으로 이어진 평행 통로를 따라 그 정보는 전달되는 것이다. 이렇게 전달된 정보는 보이지 않는 대상을 정확하게 가리키게 하는, 두정엽 속의 상위 뇌 중추로 이동된다. 마치 인간인 GY는 앞을 보지는 못하지만 좀비처럼 자신의 손을 정확하게 움직이게 하는 또 하나의 무의식적인 존재를 가지고 있는 셈이다.

시각과 관련한 의식의 수수께끼

이런 설명은 단지 새 경로만이 의식적이며, 옛 경로상에서 일어나는 활동, 즉 둔덕으로 전달되어 손을 움직이도록 이끄는 활동은 우리가 그것을 의식하지 못하더라도 일어날 수 있음을 의미한다. 왜 그럴까? 왜 하나의 경로만이, 혹은 그것의 계산 방식만이 의식적인 인식으로 이어지는 반면, 뇌의 평행한 부분의 뉴런, 즉 옛 경로는 의식하지 않고도 그렇게 복잡한 계산을 할 수 있는 것일까? 둔덕으로 통하는 옛 경로가 의식하지 않고도 완벽하게 제 기능을 수행할 수 있다는 증거가 존재함에도, 왜 모든 뇌 활동은 의식적인 인식과 연관되어야 할까? 왜 뇌의 나머지는 의식이 없으면 제 기능을 못할까? 다시 말해, 왜 모든 것은 맹시가 될 수 없을까?

우리는 아직 이 질문에 정확하게 대답할 수 없지만, 우리 과학자가 할 수 있는 최선은 이들의 상호관계를 확립하고 그 해답을 찾고자 노력하는 것이다. 우리는 의식에 이르는 뇌의 모든 활동의 목록과 그렇지 못한 뇌의 모든 활동 목록을 만들 수 있다. 우리는 두 목록을 비교하며, 각각의 목록에서 그것을 다른 것과 구별시켜주는 어떤 공통분모가 있는지 질문할 수 있다. 이것은 의식을 야기하는 어떤 계산 방식인가? 혹은 의식과 관련된 어떤 해부학적 위치인가? 그것은 다루기 쉬운 경험적인 문제이다. 일단 이 문제를 걸고넘어지면, 의식의 기능은 무엇이며, 그것이 왜 진화했는지를 밝히는 데 한 걸음 더 다가갈 수 있을지도 모른다(DNA 속에 유전의 비밀이 숨어 있다는 사실을 알게 됨으로써 유전자 암호를 해독할 수 있었던 것처럼).

두 가지 목록을 만들려면, 우리는 맹시의 한계가 무엇인지에 관해 더 많은 지식을 축적할 필요가 있다. 그것은 얼마나 복잡할까? 아직까지도 세부적인 연구가 진행 중이다. 우리는 이미 앨런 코웨이와 페트라 슈퇴리히Petra Stoerig의 연구를 통해서 맹시가 일정 정도의 파장(색)을 구분할 수 있음을 알고 있다. 또 우리는 맹시가 얼굴을 구분할 수 없다는 것을 알고 있다. 하지만 과연 그들이 누군가의 표정을 정확하게 추측할 수는 없을까?

시각적 인지와 의식에 관한 한 가지 주장은 어떤 대상의 서로 다른 특징을 한데 묶을 것을 요구한다. 여러분이 오른쪽으로 움직이는 빨간색 물체와 왼쪽으로 움직이는 초록색 물체를 동시에 본다면, 그리고 여러분의 뇌 속의 색 영역과 운동 영역이 이러한 속성들에 관한 신호를 동시에 보낸다면, 여러분은 어느 색의 물체가 어느 방향으로 움직이는지 어떻게 알 수 있을까? 의식은 속성(빨강 대 초록, 왼쪽 대 오른쪽)을 추출하는 초기 단계에 필요한 것이 아니라 '묶음의 문제'를 해결하는 데ー즉 어느 색깔이 어느 방향으로 움직이는지를 아는 데ー필요하다고 여겨진다.

우리는 GY와 같은 환자를 통해 이런 이론을 실험할 수 있다. 그가 자신이 볼 수 없는 왼쪽의 시각 영역에서 두 개의 공(오른쪽으로 움직이는 빨간색 공과 왼쪽으로 움직이는 초록색 공)을 동시에 본다면, 그는 빨간색 물체와 초록색 물체가 있으며 하나는 오른쪽으로 다른 하나는 왼쪽으로 움직인다고 말할 수는 있지만, 어느 것이 어느 쪽으로 움직이는지는 알 수 없을 것이라고 예측할 수 있다. 또는 색깔은 빼버리고 단순히 두 물체(물론 둘 다 보이지 않는 왼쪽 시각 영역에 놓고서)를 위아래로 놓고 동시에 반대방향으로 움직이게 하는 실험을 생각해볼 수도 있다. GY는 어느 것이 어느 쪽으로 움직이는지 말할 수 있을까?

맹시의 일상적인 경험

나는 GY의 맹시 증후군이 너무나 특이하기 때문에 내 동료들 가운데 일부는 이에 대해 회의적이라는 사실을 밝힌다. 이는 이 증후군 자체가 워낙 희귀하기 때문이기도 하지만 상식에 어긋나는 것처럼 보이기 때문이기도 하다. 어떻게 보지 않은 것을 가리킬 수 있을까? 그러나 어떤 의미에서는 우리 모두가 맹시를 겪고 있기 때문에, 이는 거부의 좋은 이유가 못 된다. 설명을 해보자.

여러분이 지금 옆에 앉은 친구와 재밌게 이야기 나누면서 운전을 하고 있다고 가정해보자. 여러분은 친구와의 대화에 완전히 몰입해 있다. 즉 여러분이 의식하는 것은 그것뿐이다. 그러나 동시에 여러분은 차량들과 씨름하며 인도를 피하고, 보행자를 피하고, 빨간 불을 지키고, 이 모든 대단히 복잡하고 정교한 계산을 수행한다. 표범이 길을 건너는 것 같은 특별한 일이 일어나지 않는 한, 이 중 어떤 것도 전혀 의식하지 않고서 말이다. 따라서 어떤 의미에서는 GY와는 다르지만 여러분에게도 운전을 위한 '맹시'가 존재한다고 말할 수 있다. GY를 통해 우리가 살펴본 것은 질병에 의해 그 정체가 드러난 맹시의 특별히 화려한 양상일 뿐이며, 그의 처지는 근본적으로 우리의 그것과 다르지 않다.[1]

흥미롭게도, 그 반대의 시나리오를 상상하기란 불가능하다. 즉 운전에 의식적인 주의를 기울이는 한편, 무의식적으로 친구와 생산적인 대화를 나누는 것 말이다. 사소한 것처럼 보일지라도 이 사고실험은 이미 우리에게 중요한 사실을 깨우쳐준다. 즉 언어의 의미 있는 사용과 관련한 계산은 의식을 필요로 하지만, 운전과 관련한 계산은 그것이 아무리 복잡할지라도 의식을 필요로 하지 않는다. 몽유병자들이 (아마도) 의식 없이 때때로 '말한다'는 것은 사실이지만, 그들의 중얼거림이 일반적으로 주고받는 대화와 같지는 않을 것이다. 언어와 의식의 연관성은 5장에서 더 깊이 살펴볼 것이다.

나는 의식에 관한 이 같은 접근방식을 통해 의식의 기능과 진화 이유에 대한 수수께끼를 푸는 긴 여정을 떠날 수 있을 것이라고 믿는다. 의식에 대한 나의 철학적인 견해는 첫 리스 강연자, 버트런드 러셀이 제안한 것처럼 만물은 '정신적인 질료'와 '물질적인 질료'로 분리할 수 없고, 그 두 가지는 하나이며 동일한 것이라는 견해와 일치한다(이에 대한 공식 명칭은 중성적 일원론이다). 정신과 물질은 서로 다르게 보이지만 사실은 동일한 뫼비우스의 띠의 두 면과 같다.

새 시각 경로에 대해서는 이 정도로 하고, 이제 또 다른 경로, 위둔덕과 연결되어 있으며 맹시를 성립시키고 뇌 측면의 두정엽에 투영되는 옛 경로를 살펴보자. 두정엽은 외부세계의 공간적 구조의 상징적 재현을 만들어내는 역할을 한다. 장애물을 피하고, 눈뭉치를 피하고, 축구공을 트래핑하는 등 우리가 공간 탐색이라고 부르는 이 모든 능력은 두정엽과 밀접한 관련이 있다.

무시 환자의 경우

오른쪽 두정엽이 손상되면 맹시와는 정반대되는 무시neglect라는 흥미로운 증후군이 나타난다. 무시 환자는 자신의 왼쪽 편에 어렴풋이 보이는 대상을 향해 눈동자를 돌리지 않는다. 그리고 그 물체를 만지거나 가리키지 못한다. 그러나 그가 세상의 왼쪽 편에서 일어나는 일들을 보지 못하는 것은 아니다. 누군가가 어떤 사물로 그의 주의를 끈다면, 그는 그 사물을 완전하고 선명하게 볼 수 있으며 인식할 수 있다. 무시 증후군을 가장 잘 설명한 말은 세상의 왼쪽에 대한 무관심이라고 할 수 있다. 이 증후군을 겪고 있는 환자는 접시의 왼쪽에 있는 음식은 먹지 않고 남겨둔 채, 오른쪽에 있는 음식만 먹는다. 그 환자의 주의가 먹지 않은 음식 쪽으로 옮겨갈 때에만 그는 그 음식도 먹게 될 것이다. 무시 증후군 환자가 남자인 경우 그는 오른쪽 수염만 면도할 것이고, 여성인 경우 오른쪽 얼굴만 화장을 할 것이다. 그리고 스케치북을 주고 꽃을 그리라고 하면 꽃의 오른쪽만을 그릴 것이다(그림 2.2).

무시는 우뇌반구에 손상을 입어 나타난다. 그 환자는 일반적으로 왼쪽이 마비되는데, 우뇌반구가 신체의 왼쪽을 통제하기 때문이다. 나는 무시를 치료할 수 있을지 궁금했다. 환자가 무시하고 있는 왼쪽 세계에 주의를 기울이도록 만듦으로써 그 병을 치료할 수 있을까?

나는 1장의 환상사지 사례에서처럼 거울을 이용하는 방법을 다

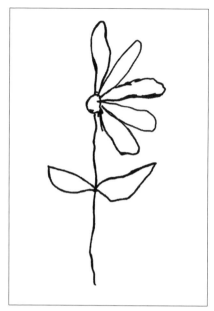

그림 2.2 무시 환자가 그린 그림. 그림 속에 꽃의 왼쪽이 없음을 주목하자. 많은 무시 환자들이 기억을 통해서나 심지어 눈을 감고 꽃을 그릴 경우에도 이처럼 꽃의 반쪽 부분만 그린다. 이는 환자가 마음속에 그려진 꽃의 왼쪽 부분을 '검색'하는 능력을 상실했음을 의미한다.

시 머릿속에 떠올렸다. 나는 환자를 의자에 앉힌 후 그녀가 오른쪽으로 고개를 돌렸을 때 바로 거울을 볼 수 있도록 그녀의 오른쪽에 거울을 들고 서 있었다. 따라서 그녀는 이전에 무시하던, 거울에 비친 왼쪽 세계를 볼 수가 있었다. 이것으로 그녀가 이제껏 무시해 왔던 왼쪽 세계가 있음을 갑자기 깨닫게 하여, 그녀가 왼쪽으로 방향을 돌려 그곳을 바라보도록 할 수 있을까? 만약 그렇게 한다면, 단지 거울을 이용해서 그녀의 무시 증상을 치료할 수 있을 것이다!

그렇지 않다면 그녀의 뇌는 (실제로) 이렇게 말할지도 모른다. '음, 이것이 내 왼쪽 세계군. 하지만 이건 내게 실제론 존재하지 않아. 그러니 계속 무시해야지.'

과학의 세계에서 종종 일어나듯, 해답은 둘 중 어느 것도 아니다. 거울을 들고 있기 전에 내 학생 가운데 한 명인 존에게 그녀의 왼쪽에 펜을 들고 서 있게 했다. 그리고 나는 거울을 들고 그녀에게 무엇이 보이는지, 내가 무엇을 들고 있는지 물었다. 그녀는 거울을 알아봤으며, 거울 속에 자신의 모습이 보이고 거울 위쪽에 금이 갔다고 말했다(실제로 그랬다).

그녀는 또한 펜을 들고 있는 존을 보았다고 말했다. 나는 그녀에게 마비되지 않은 오른손을 뻗어서 펜을 쥐고 이름을 쓰도록 했다. 일반적으로 정상인이라면 펜을 잡으러 왼쪽을 향하겠지만, 내환자는 거울의 표면을 더듬기 시작했다. 심지어 거울 뒤편으로 와서는 내 넥타이를 잡아당기고 허리띠 버클을 부여잡기까지 했다. 나는 그녀에게 반사된 것이 아니라 진짜 펜을 잡아보라고 설명했다. 그녀는 '박사님, 진짜 펜은 거울 속에 있습니다' 혹은 '펜은 망할 놈의 거울 뒤에 있습니다'라고 대답했다.

세 살짜리 어린아이도 쉽게 할 수 있는 일이다. 침팬지조차도 실제 대상과 거울 이미지를 혼동하지 않는다. 그러나 현명한 D여사는 70년 동안 경험한 반사 현상은 잊어버리고 곧바로 거울부터 만졌다. 우리는 이와 같은 증상을 거울 속 세계가 실제 세계라고 생각한 나머지 그 속으로 걸어 들어갔던 앨리스에서 따와 '거울인

식불능증mirror agnosia' 혹은 '거울 증후군looking-glass syndrome' 이라
고 부른다.

거울인식불능증의 원인은 무엇인가? 나는 그 환자가 자신이 반
사된 모습을 보고 있음을 알며, 따라서 그 물체가 그녀의 왼쪽에
있음을 안다고 생각한다. 그러나 왼쪽은 그녀의 세계에서는 존재
하지 않기 때문에, 가능한 유일한 설명은 그것이 거울 속에 있다는
것이다. 놀랍게도, 그녀의 모든 거울과 광학 법칙에 관한 추상적
지식은 그녀가 사로잡혀 있는 이 이상하고 새로운 감각 세계에 순
응해 왜곡되는 것이다.[2] 이것은 정신이 나가서도 아니고 거울 이미
지에 대한 충동적인 반응도 아니다. 그녀는 실제로 거울의 존재를
인지하고, 그것을 하나의 장애물로 생각하며 그 뒤를 더듬기 시작
한다.

부정 환자의 경우

오른쪽 두정엽이 손상을 입을 경우 발생하는, 더욱 심한 장애는 부
정denial 혹은 질병인식불능증anosognosia이다. 오른쪽 두정엽에 손
상을 입은 대부분의 환자는 두정엽의 내섬유막internal capsule도 손
상을 입으며, 따라서 신체의 왼쪽 부위가 완전히 마비된다는 사실
에 유념하자. 이것이 신체의 한쪽 부분이 완전히 마비되는 증상,
뇌졸중이다. 대부분의 뇌졸중 환자들은 자신들이 실제로 겪는 고

통을 털어놓지만, 소수의 환자들은 자신의 왼쪽 팔이 마비되었다는 사실을 끝까지 부정하고, 이들 중 일부는 부정조차도 하지 않고 팔이 제대로 움직인다고 주장한다.

이러한 행동이 왼쪽 두정엽이 손상되었을 때는 드문 반면 오른쪽 두정엽이 손상되었을 때에만 일반적으로 관찰된다는 사실은 우리에게 그 원인에 대한 실마리를 제공해준다. 부정 증후군은 양쪽 대뇌반구가 외부세계를 다루는 방식, 특히 감각 입력의 불일치와 신념의 불일치를 다루는 방식과 관련이 있어 보인다. 특히, 불일치가 발생했을 때 좌뇌반구의 대처방식은 그 불일치를 얼버무리고 그런 불일치가 존재하지 않는 듯 가장하고 앞으로 계속 진행시킨다(프로이트의 방어메커니즘이 이것의 예다). 반면, 우뇌반구의 처리방식은 정반대다. 우뇌반구는 불일치에 매우 민감하기 때문에, 나는 그것을 이상 검출기anomaly detector라고 부른다.

(왼쪽이 마비된) 우뇌반구 뇌졸중 환자는 자신의 팔을 움직이라고 명령을 내리는 동시에 팔이 움직이지 않는다는 시각적 피드백 신호를 받는다. 따라서 불일치가 존재한다. 환자의 우뇌반구는 손상을 입었지만 온전한 좌뇌반구는 그 불일치를 얼버무리며 '모든 것이 괜찮아. 걱정할 필요 없어'라고 말하며 부정과 작화증confabulation이라는 자신의 일에 착수한다. 반면, 좌뇌반구가 손상되면 신체의 오른쪽이 마비되고 우뇌반구는 원래 기능을 다한다. 따라서 운동명령과 시각 피드백 정보의 부족 사이에 나타나는 불일치를 감지하고 오른쪽이 마비되었음을 인지한다.[3] 이와 같은 아이디어는 탁월

한 것이었으며, 현재 뇌 영상 실험을 통해 검사가 이루어지면서 본질적으로 옳은 것으로 나타났다.[4]

자신의 몸이 마비되었음을 부정하는 것도 매우 이상하지만 7~8년 전쯤에 그보다 더욱 놀라운 경우를 발견했다. 일부 환자는 다른 환자가 마비된 것도 부정한다는 사실이다. 나는 신체가 마비된 환자 B에게 자신의 팔을 움직여 보라고 말한다. 물론 B는 팔을 움직이지 못한다. 그런데 질병인식불능증 환자 A에게 B가 팔을 움직였는지를 물으면 '예, 움직였습니다'라고 대답한다. 환자 A는 타인의 장애를 부정하고 있는 것이다.[5]

거울뉴런 - 문화의 전달자

처음에는 이런 현상을 이해하지 못했다. 그러다 우연히 자코모 리졸라티Giaccomo Rizzollati의 원숭이 실험을 알게 되었다. 운동명령과 관련된 전두엽 영역에 원숭이가 특정한 움직임을 수행할 때 발화하는 세포가 포함되어 있다는 사실은 잘 알려져 있다. 어떤 세포는 원숭이가 손을 뻗어서 땅콩을 집을 때 발화할 것이며, 다른 세포는 원숭이 뭔가를 잡아당길 때 발화할 것이고, 또 다른 세포는 뭔가를 밀 때 발화할 것이다. 이들은 모두 운동명령 뉴런이다. 리졸라티는 이들 뉴런 가운데 일부는 다른 원숭이가 동일한 행동을 하는 것을 볼 때에도 발화함을 발견했다. 예를 들어 땅콩을 집는 행동과 연관된 뉴런은 또한 그 원숭이가 땅콩을 집는 다른 원숭이를 볼 때도 발화할 것이다. 똑같은 일이 사람에게도 일어난다. 이와 같은 현상은 매우 특이한데, 땅콩을 집는 누군가의 시각적인 이미지는 여러분 자신이 땅콩을 집는 이미지와 전적으로 다르기 때문이다. 여러분의 뇌는 내적인 정신적 변형internal mental transformation을 수행해야만 한다. 그럴 때에만 그 뉴런은 자신의 움직임과 타인의 동일한 움직임 모두에 반응하여 발화할 수 있다. 리졸라티는 그런 신경세포를 거울뉴런mirror neuron이라고 부른다. 나는 우리 환자들이 바로 이 거울뉴런에 손상을 입은 것으로 생각한다.

다른 사람의 움직임을 판단할 때 포함되는 요소들을 고려해보자. 여러분은 그 사람이 하는 행동에 대한 가상현실 내부 시뮬레이션을 할 필요가 있을 것이고, 그것은 이 동일한 뉴런들, 거울뉴런들의 활동을 포함할 것이다. 따라서 거울뉴런은 단순히 호기심을 자아내는 것이 아니라 타인의 행동과 의도를 해석하는 것과 같은 인간 본성의 많은 측면을 이해하는 데 중요한 함축을 담고 있다. 일부 질병인식불능증 환자들의 경우 거울뉴런 체계가 손상된 것으로 사료된다. 따라서 이런 환자들은 다른 사람이 정확하게 명령대로 수행하는지 판단하기 위해 타인의 행동에 대한 내적 모델을 더이상 구축하지 못한다.

나는 거울뉴런이 인간의 진화 과정에 중요한 역할을 했다고 믿는다.[6] 우리 종種의 특징 중 하나는 소위 문화라는 것이다. 문화는 무엇보다 선생님이나 부모님을 모방하면서 생기는 것이고, 복잡한 기술의 모방은 거울뉴런에 의해 가능하다. 나는 5만 년 전쯤 어딘가에서 거울뉴런 체계가 충분할 정도로 복잡해지면서 복잡한 행동을 모방하는 능력이 폭발적으로 진화했으며, 그것이 이번에는 우리를 인간으로 특징지어준 정보의 문화적 전달로 이어졌다고 생각한다.

또한 거울뉴런을 통해 다른 사람의 의도나 행동에 대한 일종의 가상현실 시뮬레이션이 가능해지며, 그러한 가상현실 시뮬레이션은 왜 우리 인간이 타인의 행동을 예측하기 위해 '타인의 마음 이론'을 구축하는 데 능숙한 마키아벨리적 유인원인지를 설명해준다. 거울뉴런은 복잡한 사회적 상호작용에 필수적이며, 최근의 몇몇 연구결과에 따르면 자폐아들의 경우 이 체계가 손상된 것으로 나타났는데, 이것이 그들의 극단적인 사회적 부적응을 설명해줄지 모른다.

환자들에 대한 연구들이 그 자체로 흥미롭기는 하지만, 여기서 중요한 의제는 정상적인 뇌가 어떻게 작용하는지를 이해하는 것이다. 어떻게 뉴런의 활동이 신체 이미지 혹은 문화, 언어, 추상적인 사고 등 우리가 인간 본성이라고 부르는 일련의 능력들을 낳는 것일까? 나는 뇌를 더 깊이 이해함으로써 과학뿐만 아니라 인문학에도 심대한 영향을 미칠 것이라고 믿는다. 인간의 마음에 관한 고귀한 질문을 던지는 일은 매혹적이지만(내 고향 인도와 서양의 철학자들은 3,000년이란 세월 동안 이를 질문해왔다), 결국 우리가 찾으려는 해답은 뇌 속에 있을 뿐이다.

3

뇌는 어떻게
아름다움을 판단할까

신경미학 - 예술의 보편원리는 존재하는가

이 책에서 가장 사색적인 주제를 다룰 이번 장에서는 철학, 심리학, 인류학 분야에서 가장 오래된 질문 가운데 하나인 '예술이란 무엇인가' 라는 문제를 짚어보고자 한다. 피카소는 "예술은 진실을 드러내는 거짓말"이라고 한 바 있는데, 이 말의 정확한 의미는 무엇일까?

우리가 살펴보았듯이, 신경과학자들은 신체 이미지나 시각적 지각 같은 심리 현상의 신경학적 토대를 이해하는 데 얼마간의 진전을 보이고 있다. 그러나 예술에 대해서도 동일하게 말할 수 있을까? 즉 예술이 명백히 뇌에서 기원했음을 보여줄 수 있을까?

우선, 예술적 보편성이란 것이 존재할까? 분명히 세계에는 수많은 예술양식이 존재한다. 티베트 예술, 그리스 고전 예술, 르네상스 예술, 입체파, 표현주의, 인상파, 인도 예술, 콜럼버스 발견 이

전의 아메리카 예술, 다다이즘 등등. 이처럼 엄청난 다양성이 존재함에도 이들 문화적 경계와 양식을 뛰어넘는 일반적인 법칙이나 원리를 우리가 확립할 수 있을까?

이 같은 질문은 많은 사회과학자들에게 의미 없는 것처럼 보일 것이다. 결국, 과학은 보편적인 원리를 다루는 반면, 예술은 인간의 개성과 독창성에 대한 근본적인 찬양이며 과학의 획일화에 대한 근원적인 해독제이기 때문이다. 여기에는 물론 어떤 진실이 담겨 있기는 하지만, 그럼에도 나는 이 장에서 그런 보편성이 존재한다고 주장하려 한다.

우선, 내가 예술의 보편 원리를 얘기할 때 문화의 중대한 역할을 부정하는 것은 아니라는 사실을 명심해주길 바란다. 문화가 없으면 다양한 예술 양식이 존재할 수 없음은 자명하다. 그러나 그렇다고 해서 예술이 완전히 특별하고 자의적인 것이라거나 혹은 보편적 법칙은 존재하지 않는다고 할 수는 없다.

조금 다른 측면에서 예술 양식의 변화 가운데 90퍼센트는 문화의 다양성, 좀더 냉소적으로 경매자의 망치에 의한 것이며, 나머지 10퍼센트는 모든 사람들의 뇌에 일반적으로 적용되는 보편적 법칙에 따른 것이라고 가정하자. 문화에 의한 예술 양식 변화의 90퍼센트는 대부분의 사람들이 이미 예술사를 통해 공부한 경험이 있다. 과학자로서 나의 관심사는 문화에 의한 끝없는 변화가 아니라 보편적 법칙에 의한 그 10퍼센트이다. 오늘날 과학자의 장점은 철학자와는 다르게 직접 실험을 통해 뇌를 연구함으로써 자신의 추측을 확인할 수 있다는 것이다. 이미 이런 학문 분야에 대한 새로운 이름까지 존재한다. 동료 가운데 한 사람인 세미르 제키Semir Zeki 는 이를 신경미학이라고 명명하여 철학자들의 심기를 불편하게 만들었다.

나는 최근 예술에 대한 아이디어의 역사, 특히 인도 예술에 대한 빅토리아 시대 사람들의 반응에 관한 책을 읽고 있는데 내용이 매우 흥미롭다. 예를 들어 인도 남부의 12세기 촐라Chola 왕조 시대에 제작된 유명한 여신 파르바티Parvati의 동상을 들여다보자(그림 3.1). 인도인은 여신 파르바티를 관능, 우아함, 자태, 위엄과 기품 등 여성이 갖추면 좋을 모든 요소를 갖춘 존재로 여긴다. 또한 그녀는 물론 매우 육감적이기도 하다.

그러나 이 같은 조각 작품을 처음으로 접한 빅토리아 시대의 영국 사람들은 질겁했다. 얌전빼는 척한 측면도 있었지만 단순히 무지했기 때문이기도 하다.

그들은 파르바티의 가슴이 너무 크고, 엉덩이도 너무 크며, 허리는 너무 가늘다고 혹평했다. 그들의 눈에 파르바티의 동상은 실제 여성처럼 보이지 않았으며 현실성이 없는 원시적인 예술에 불과했다. 그리고 그들은 카주라호Kajuraho의 육감적인 요정은 물론, 라자스타니Rajastani와 무굴 미니어처 그림들에 대해서도 똑같이 혹평했다. 그들은 이 그림들에 원근법이 결여되어 있으며, 왜곡되어 있다고 말했다.

빅토리아 시대 사람들은 무의식적으로 인도 예술을 리얼리즘이

그림 3.1 12세기 촐라 왕조 시대에 제작된
시바 신의 배우자 파르바티의 동상(복제품)

강조되던 고전 그리스 예술과 르네상스 예술 같은 서양 예술의 잣
대로 판단했던 것이다.

그러나 분명 그들의 판단은 잘못된 것이다. 오늘날 누구든 예술
은 리얼리즘과는 관련이 없음을 알고 있다. 예술은 저기 세상 밖에
있는 사물의 복제품을 만드는 것이 아니다. 내가 기르는 애완 고양
이의 모습을 사진에 담을 수는 있지만 아무도 돈을 주고 그 사진을
사려고 하지는 않을 것이다. 실제로 예술은 리얼리즘이 아니라 그
반대다. 예술은 사람의 뇌 속에 기쁨을 주는 효과를 창조하기 위

한, 자의적인 과장과 왜곡과 관련이 있다.

그러나 예술이 과장과 왜곡과 관련 있는 것만은 아니다. (내가 사는 캘리포니아에서는 많은 사람들이 그렇게 하고 있지만) 하나의 이미지를 취해서 무작위로 왜곡시킨다고 해서 예술작품이라고 할 수는 없다. 이미지의 왜곡이 하나의 예술작품이 되기 위해서는 원칙을 따라야 한다. 그렇다면, 어떻게 왜곡하는 것이 효과적일까? 그 원칙은 무엇일까?

◆ **라마찬드란 교수가 제안한 예술의 10가지 보편 원리**

1 피크 이동

2 그룹 짓기

3 대조

4 격리

5 지각문제해결

6 대칭

7 우연적이고 일반적인 관점에 대한 혐오

8 반복, 리듬, 질서

9 균형

10 은유

나는 인도에 있는 한 사찰에 자리를 차지하고 앉아 고민하며 문화적 경계를 넘나드는 예술의 10가지 보편 원리를 적어 내려갔다.[1]

10가지 보편 원리를 선택하는 작업은 자의적이기는 하지만 그것이 하나의 출발점이라 생각한다.

피크 이동 – 과장과 왜곡의 학습 효과

첫 번째 원리는 자칭 피크 이동peak shift이며, 이를 설명하기 위해 쥐의 심리를 이용하여 쥐의 행동을 관찰한 하나의 가설을 예로 들고자 한다.

여러분이 특정한 직사각형을 보여줄 때마다 한 조각의 치즈를 줌으로써 쥐가 정사각형과 직사각형을 구별하도록 훈련을 시킨다고 가정해보자. 쥐에게 정사각형을 보여줄 때, 쥐는 아무것도 얻지 못한다. 그 쥐는 곧 직사각형은 음식을 뜻한다는 사실을 학습하게 되며, 직사각형을 좋아하기 시작한다. 물론 행동주의 심리학자라면 이런 식으로 표현하진 않겠지만, 아무튼 쥐가 정사각형보다 직사각형을 선호하므로 직사각형을 좋아하기 시작한다고 하자.

그러나 여러분들이 실제로 더 길고, 얇은 직사각형을 쥐에게 보여주면 쥐는 그런 직사각형을 더 선호하는데, 이는 쥐가 하나의 법칙으로서 직사각형성rectangularity을 학습했기 때문이다. 더 길고 더 얇다는 것은 더욱 직사각형답다는 것을 의미하며, 쥐의 입장에서는 더욱 직사각형다운 것이 더 나은 것이다.

그렇다면 이런 사실이 예술과 무슨 관계가 있을까?

풍자만화를 예로 들어보자. 일단 어느 예술가가 리처드 닉슨의 풍자만화를 그리려 한다면 우선 닉슨의 얼굴 특징은 무엇인가를 생각해야 한다. 다른 사람과는 다른 닉슨의 특징은 무엇인가? 그 예술가는 닉슨의 얼굴에서 모든 남성의 얼굴을 수학적으로 평균화시킨 특징은 버리고, 커다란 주먹코와 짙은 눈썹만 남겨둘 것이다. 그런 다음, 실제 닉슨 자신보다 더 닉슨처럼 보이는 그림을 그리기 위해 커다란 주먹코와 짙은 눈썹을 부각시킬 것이다. 뛰어난 예술가는 훌륭한 초상화를 그리기 위해 이와 같은 방식으로 작업하며,[2] 이런 작업을 거쳐 여러분은 풍자만화를 보게 된다. 닉슨의 풍자만화가 우스꽝스럽게 보이지만 여전히 원래 닉슨보다 더 닉슨인 것처럼 보인다. 이렇게 여러분은 앞서 나온 쥐와 똑같은 반응을 나타내게 된다.

그렇다면 이런 사실이 다른 양식의 예술과는 어떤 관계가 있을까? 촐라 왕조 시대의 파르바티 동상으로 돌아가 보자. 이 동상에도 같은 원리를 적용할 수 있다. 동상을 만든 예술가는 어떤 방식으로 여성의 관능성을 전달하고 있을까? 그는 보통 여성의 특징 가운데 보통 남성의 특징을 제외시키고 커다란 가슴과 엉덩이, 날씬한 허리만을 남긴다. 그런 다음, 그와 같은 특징을 부각시킨다. 그 결과 해부학적으로는 모순이 있지만 매우 섹시한 여신이 탄생하게 되는 것이다.

그러나 이것만이 전부가 아니다. 그 위엄과 자태, 우아함은 어떻게 구현할 수 있었을까?

이 동상을 만든 촐라 왕조의 예술가는 매우 영리했다. 그 동상에는 골반, 요추의 곡선, 목과 대퇴골의 축 사이의 각도에 제한이 있는 남성에게는 불가능한 자세가 추가되었다. 내가 아무리 그 자세들을 취하려고 해도 실현 불가능하다. 그러나 여성들은 손쉽게 취할 수 있는 자세다. 따라서 이 예술가는 내가 '자세 공간posture space'이라고 부르는 추상적인 공간에 들어가서 보통 여성에게서 보통 남성의 자세를 제외시킨 다음 그 나머지를 과장한다. 그렇게 함으로써 머리와 몸은 각각 반대 방향으로 향하고 다시 엉덩이는 머리와 같은 방향을 취하는, 우아한 3중 굴곡자세가 나온다. 그리고 다시 이 동상을 본 사람은 누구도 그와 같은 자세로 서 있을 수 없기 때문에 그 자세가 해부학적으로 부적절하다고 생각하지는 않는다. 관람자는 우아하고 아름다운 천상의 여신을 보고 있다고 생각한다. 아름다운 파르바티 동상은 인도 예술에서 피크 이동 원리를 보여주는 좋은 예다.

피크 이동 원리는 얼굴, 풍자만화, 신체, 촐라 왕조의 동상에서 잘 나타난다. 그러나 나머지 예술 양식은 어떤가? 추상예술, 반(半)추상예술, 인상주의, 입체파는 어떤가? 피카소, 반 고흐, 모네, 헨리 무어는 어떤가? 나의 개념들로 이와 같은 예술 양식들을 어떻게 설명할 수 있을까? 이 질문에 답하기 위해 우리는 동물행동학에서 밝혀진 증거, 특히 니코 틴베르헨Niko Tinbergen의 연구를 살펴볼 필요가 있다. 그는 50여 년 전에 옥스퍼드에서 재갈매기 새끼에관한 실험을 진행하고 있었다.

재갈매기 실험 – 예술에 대한 신경학적 설명

재갈매기 새끼는 알에서 부화하자마자 붉은 점이 있는 어미 재갈매기의 노란 부리를 본다. 새끼들은 그 붉은 점을 부리로 쪼아대며 먹이를 달라고 조른다. 어미 재갈매기가 소화되다 만 음식을 입을 벌리고 있는 새끼들에게 주면, 그 새끼 재갈매기들은 먹이를 삼키고 행복해한다. 틴베르헨은 '재갈매기 새끼들은 어떻게 자신들의 어미를 인식할까?'라고 스스로에게 물었다. 지나가는 사람이나 돼지에게 음식을 달라고 조르지 않는 이유는 무엇일까?

그는 어미 재갈매기가 필요 없다는 사실을 발견했다. 갓 부화한 새끼 재갈매기들은 어미에게 붙어 있지 않은 따로 떼어낸 부리에게도 똑같은 방식으로 반응했다.

새끼 재갈매기들이 부리를 흔드는 과학자가 자신들의 어미라고 생각하는 이유는 무엇일까? 시각의 목표는 당면 과제에 필요한 양보다 적은 처리나 계산을 하는 것이다. 이 경우에 당면 과제는 어미 재갈매기를 인식하는 것이 될 것이다. 그리고 수백만 년에 걸친 진화 과정으로 새끼 재갈매기들은 붉은 점을 가진 기다란 부리에는 돌연변이 돼지나 악덕한 동물행동학자가 아니라 항상 어미 재갈매기가 붙어 있다고 생각하게 되었다. 그래서 자연 속에서 새끼 재갈매기는 통계학적 중복성을 이용하여 '빨간 점을 가진 길고 노란 물체가 바로 어미 재갈매기'라고 가정할 수 있게 되었다. 그럼으로써 처리 과정을 단순화하는 동시에 수많은 계산 작업을 절감

할 수 있었다.

상당히 일리가 있는 이야기다. 그러나 틴베르헨은 한 발 더 나아가 부리조차도 필요가 없다는 사실을 발견했다. 그는 부리와는 닮아 보이지 않는, 3개의 붉은 줄무늬가 있는 기다란 막대기를 가져와서 보여주자 새끼 재갈매기들은 실제 부리보다 더 많이 그 막대기를 쪼아대기 시작했다. 새끼 재갈매기들은 실제 부리와는 전혀 다르게 생긴 그 막대기를 더 선호했다. 틴베르헨은 슈퍼부리 혹은 울트라부리를 우연히 발견했던 것이다. 그래서 새끼 재갈매기의 뇌는 이렇게 생각하는 것이다. '우아, 정말 멋진 부리다.'

이런 일이 발생하는 이유는 무엇일까? 우리는 그 이유를 정확하게 알지 못한다. 그러나 새끼 재갈매기의 뇌의 시각 경로 속에는 부화하자마자 부리를 인식하도록 특화된 신경회로가 있음이 분명하다. 그런 신경회로는 그 부리를 보면 반응한다. 아마도 신경회로의 배선 방식 때문에 실제 부리보다 3개의 줄무늬를 가진 막대기에 더 강력하게 반응하는지도 모른다. 그리고 신경세포의 수용영역이 외형이 붉을수록 더 낫다는 법칙을 구체화하는지도 모른다. 그리고 심지어 막대기가 부리와 닮지도 않았음에도, 심지어 새끼 재갈매기가 이를 알고 있다 하더라도 이 이상한 물체가 부리 감지기를 유도하는 데 실제 부리보다 더 효과적이다. 그리고 커다란 동요를 일으키며, '여기 슈퍼 부리가 있다'는 메시지가 부리를 감지하는 신경세포로부터 새끼 재갈매기 뇌 속의 변연계 감정중추로 전달된다. 새끼 재갈매기는 완전히 매료되고 만다.

만약 재갈매기에게 미술관이 있다면 벽에 3개의 붉은색 줄무늬가 있는 긴 막대기를 걸어두고, 그 막대기를 숭배하며, 수십억에 구입하고 그것을 피카소라고 부를 것이다. 그러나 그 막대기가 어느 것과도 닮지 않았음에도 그것에 매료되는 이유를 이해하지는 못할 것이다. 바로 이것이 예술 애호가들이 현대 예술 작품을 구입할 때 하는 행동이다. 재갈매기 새끼들과 똑같은 행동을 하는 것이다.

다시 말해 예술가들은 시행착오와 통찰력, 천재성을 통해 우리의 지각문법perceptual grammar의 형상적인 원시성을 발견해왔다. 그들은 그와 같은 원시성을 자극하며, 뇌에 3개의 줄무늬가 있는 긴 막대기와 같은 것을 창조하고 있다. 그 결과로 나온 것이 헨리 무어고 피카소다.

이 같은 아이디어가 지닌 장점은 실험적으로 검사가 가능하다는 것이다. 개개인의 얼굴에 강력하게 반응하는, 뇌의 방추회 속에 있는 세포를 기록하는 것이 가능하다. 그 세포 가운데 일부는 한 얼굴의 특정 부위에만 반응할 것이다. 하지만 그 상위에는 주어진 얼굴의 어떤 부위에도 반응하는 신경세포가 발견된다. 그리고 입체파 화가가 그린 원숭이 초상화, 즉 원숭이 얼굴의 두 부위를 한 지점에 배치한 그림을 어떤 원숭이에게 보여준다고 가정하자. 이때 3개의 줄무늬가 있는 긴 막대기가 새끼 재갈매기 뇌 속의 부리를 인지하는 신경세포를 과다 활성화시키는 것처럼 원숭이의 뇌 속에 있는 세포도 과다하게 활성화될 것이다. 이렇게 입체파, 피카소의 작품에 대한 신경학적인 설명이 가능하다.[3]

이제까지 예술의 보편 원리 가운데 하나인 피크 이동과 초정상 자극ultra-normal stimuli의 개념에 대해 설명했으며, 사람들이 비현실적인 예술을 좋아하는 이유를 동물행동학, 신경생리학, 동물심리학을 빌어 설명했다.[4, 5]

그룹 짓기 – 각성과 흥분을 낳는 퍼즐

두 번째 원리는 더 잘 알려져 있는 그룹 짓기grouping다. 우리들 대부분은 리처드 그레고리의 달마시안과 같은 퍼즐 그림을 잘 알고 있다. 첫눈에는 반점만 보지만 여러분은 시각 뇌가 지각 문제를 해결하고자 노력하고 있음을 느낄 수 있다. 그런 다음 30~40초 후에 갑자기 모든 것이 제자리를 잡으면서 여러분은 모든 조각들을 조합하면서 달마시안 그림임을 알게 된다(그림 3.2).

여러분은 뇌가 지각 수수께끼를 풀기 위해 그룹 짓기를 하고 있음을 느낄 수 있으며, 그 물체를 보기 위해 정확하게 모든 조각을 그룹 짓는 데 성공하자마자, 내가 제안한 것처럼 동요를 일으키며, '아하, 개구나' 혹은 '아하, 얼굴이네' 라고 말하면서 한 가지 메시지가 뇌의 시각중추로부터 변연계 감정중추로 전달된다.

달마시안 그림 퍼즐은 시각은 매우 복잡하고 정교한 과정이라는 사실을 우리에게 일깨워주기 때문에 매우 중요하다. 심지어 간단한 장면을 보는 것조차도 한 단계씩 복잡한 단계를 거치면서 처

그림 3.2 그레고리의 달마시안(론 제임스의 사진)

리된다. 달마시안 그림 퍼즐에서처럼 전체 처리 단계에서 각 단계별로 전체 해답 가운데 한 가지 해답을 얻으면 보답 신호로 '아하'라는 감탄사가 튀어나온다. 그런 다음 작은 편견이 달마시안의 특징을 한데 묶기 위해 앞선 단계로 되돌려진다. 이와 같은 점진적인 성공을 통해 최종적으로 '아하, 달마시안이구나'라는 감탄사가 튀어나온다. 시각은 우리가 생각하는 것보다 더 많은 문제해결 요소를 가지고 있는 것이다.

인도 예술과 서양 예술에서 그룹 짓기 원리는 널리 이용되며, 심지어는 패션 디자인 분야에서도 응용되고 있다. 예를 들어 여러분은 쇼핑을 가서 빨간 물방울무늬 스카프를 고른다. 스카프를 고른 후 이번에는 똑같은 빨간 물방울무늬 스커트를 찾는다. 이유가 무엇일까? 단순히 과대선전이나 판매전략 때문일까? 혹은 사람의 뇌가 어떻게 조직되어 있는지를 말해주는 것이 아닐까? 나는 그와 같은 현상이 뇌가 어떻게 진화했는지를 말해준다고 믿고 있다.

시각은 주로 사물들을 발견하고 위장을 제거하는 방향으로 진화했다. 여러분이 여러분 주위를 돌아보고 사물을 또렷하게 볼 수 있을 때는 느끼지 못할 것이다. 하지만 살랑살랑 흔들거리는 녹색 나뭇잎 사이로 사자를 발견하기 위해 나무 꼭대기로 허둥지둥 뛰어 올라가는, 여러분의 조상격인 유인원이라고 생각해보자. 여러분은 나뭇잎 때문에 노란 사자의 산산조각난 모습만을 볼 수 있을 것이다. 그러나 뇌의 시각중추는 그 모든 상이한 노란 조각들이 단지 우연히 그렇게 모여 있을 가능성은 없다는 사실을 알고 있다. 그 조각들은 하나의 사물에 속하는 것이어야 한다. 우리의 뇌는 그 조각들을 하나로 연결시켜 전체적인 모습을 바탕으로 사자라는 결론을 내리고 변연계에 '아하'라는 신호를 보내며, 줄행랑치라고 알린다.

각성과 집중은 변연계를 기분 좋게 자극할 때 최고조에 다다른다. 나는 우리의 관심과 주의를 끄는 어떤 물체의 일부가 조금씩 보일 때마다 시각적 계층구조visual hierarchy 가운데 각 단계마다 그와 같은 '아하 신호'가 생성된다고 주장한다. 예술가가 노력할 일은 자연 그대로의 장면이나 현실적인 영상보다는 시각 영역을 더욱 흥분시키도록 최적화된 그림이나 조각품을 만들어 가능하면 많은 시각 영역 속에 그와 같은 '아하 신호'를 많이 만드는 것이다. 여러분도 이를 한번 잘 생각해보면, 그렇게 예술을 정의하는 게 부적절하지 않음을 알게 될 것이다.

이런 생각을 통해 나의 세 번째 원리인 지각문제해결perceptual problem solving이 나오게 되었다.

누구나 아는 것처럼, 투명한 베일에 가려진 누드가 〈플레이보이〉지에 실린 원색의 사진이나 치펀데일풍의 핀업 사진보다 훨씬 더 자극적이다. 이유가 무엇일까? (사실 이 질문은 13세기 인도의 철학자 아비나바굽타가 처음으로 제기한 바 있다.) 어쨌든 핀업 사진은 더 많은 정보를 담고 있으므로 더 많은 뉴런을 흥분시켜야 한다.

앞서 말한 것처럼, 우리의 뇌는 매우 위장된 환경에서 진화했다. 여러분들이 자욱한 안개 속에서 여러분의 배우자를 뒤쫓는다고 생각해보자. 이때 여러분들은 매 단계가 배우자의 모습을 보기 위해 계속해서 추적하도록 재촉할 정도로 즐거운 일이기를 바란다. 따라서 여러분들은 좌절로 인해 성급하게 배우자 추적을 포기하지 않는다. 다시 말해 시간이 지난 뒤 '아하'라는 말이 튀어나올 정도로 조각 맞추기가 즐거운 일인 것처럼, 여러분의 시각중추와 감정중추를 연결시키는 일은 해답을 찾는 행동이 즐거운 일이라는 사실을 확신시킨다. 다시 한 번 말하건대, 그것은 여러분들의 뇌 속에 가능하면 많은 '아하 신호'를 생성시키는 것과 관련이 있다.[6] 절정에 도달하기 전에 느끼는 전희의 한 가지 형태로 예술을 생각할 수 있다.

우리는 이제까지 세 가지 원리, 즉 피트 이동, 그룹 짓기, 지각 문제해결을 살펴봤다. 다음으로 넘어가기 전에 미학의 보편적 원리를 찾는 일에서 문화의 중대한 역할을 무시할 수 없으며, 예술가 개개인의 천재성과 독창성을 배제할 수 없음을 강조하고 싶다. 미학의 원리들이 보편적이라 할지라도 예술가가 선택한 특정 원리 혹은 그 조합은 전적으로 그 예술가의 천재성과 통찰력에 달려 있다. 따라서 로댕과 헨리 무어는 주로 형태에 주목한 반면, 반 고흐와 모네는 추상적인 '색 공간' (좌표상의 공간이 아니라 색 공간에서 인접한 점들을 주위에 배치한 뇌 지도)에서의 피크 이동에 주력했다. 그 결과 인공적으로 향상된 비현실적인 해바라기나 수련의 색채 효과가 나타났다. 또한 고흐와 모네는 주의가 가장 요구되는 색채로부터 사람들의 주의를 분산시키지 않도록 고의로 윤곽을 흐릿하게 만들었다. 베르메르 같은 예술가들은 명암이나 조명 같은 더욱 추상적인 특징을 강조하고자 할 것이다.

격리 - 뇌 자원의 주의 할당

그리고 이런 생각을 통해 나의 네 번째 원리인 격리isolation 법칙이 탄생했다.

피카소나 로댕, 클림트가 단순하게 윤곽만 그린 누드는 천연색의 핀업 사진보다 훨씬 더 호소력이 있다. 마찬가지로 만화같이 윤곽만 그린 라스코 동굴의 황소 그림이 〈내셔널지오그래픽〉에 나오는 황소 사진보다 더 효과가 강력하며 호소력이 있다. '모자라는 것이 더 낫다'는 유명한 격언처럼 말이다.

그러나 그 이유가 무엇일까? 가능하면 더 많은 '아하'가 나오도록 자극하고자 하는 과장의 첫 번째 법칙과는 정반대가 아닌가? 핀업 사진이나 〈페이지3〉에 나오는 사진에 더 많은 정보가 담겨 있다. 따라서 뇌 속의 더 많은 영역과 뉴런을 흥분시킬 것이다. 그런데 왜 그 사진들이 더 아름답지 않은 것인가?[7]

이 같은 역설은 '주의attention'라는 또 하나의 시각 현상으로 설명이 가능하다. 뉴런이 겹쳐지는 두 가지 활동을 동시에 할 수 없다는 사실은 잘 알려져 있다. 사람의 뇌 속에 수백억 개의 뉴런이 있다 할지라도 두 가지 형태가 겹쳐서 동시에 일어나는 일은 없다. 다시 말해 주의라는 병목이 있다. 주의라는 자원은 한 번에 하나에만 할당 가능하다.

〈페이지3〉에 나오는 여성의 부드러운 육체의 굴곡에 관한 주요 정보는 그녀의 외형 윤곽으로 전달 가능하다. 그녀의 피부색, 머리카락 색깔 등은 옷을 모두 벗은 그녀의 육체의 아름다움에는 부적절한 요소들이다. 이렇게 부적절한 모든 정보들은 그 사진을 보는 사람을 산만하게 만들고 주의를 결정적으로 향해야 하는 곳에서 벗어나게 만든다. 낙서나 스케치를 하면서 그런 부적절한 정보들을 제거함으로써 예술가는 여러분의 뇌 활동을 줄여주는 것이다. 그리고 만약 그 예술가가 울트라누드 혹은 슈퍼누드를 그리기 위해 윤곽에 피크 이동 요소를 첨가한다면 두말할 나위도 없다.

뇌 영상 실험을 통해 윤곽 스케치와 풍자만화와 천연색 사진에 대한 신경반응을 비교하는 검사를 할 수 있다. 그러나 자폐 아동들에게서 놀라운 증거를 발견할 수 있다. 자폐 아동들 가운데 일부는 사방 증후군savant syndrome이라는 질병을 앓고 있다. 이들은 많은 부분에서 정상 아동들보다 뒤지지만 한 가지 특출한 재능을 가지고 있다.

예를 들어 자폐증을 앓고 있는 일곱 살의 나디아는 매우 뛰어난 그림 그리기 실력을 발휘한다. 나디아는 정신적으로 매우 지진하며, 말도 제대로 못하지만 말과 수탉, 그 외 동물을 그리는 그림 솜씨는 매우 놀라울 정도다. 나디아가 그린 말은 캔버스 속에서 여러분에게로 뛰어나올 듯이 보인다(그림 3.3. a). 나디아의 그림과 여덟이나 아홉 살의 정상아가 그린 생동감이 전혀 없는 2차원의 올챙이 같이 생긴 스케치(c)와 레오나르도 다빈치가 그린 우수한 작품(b)을 비교해보자.

이제 우리는 또 하나의 역설과 마주치게 되었다. 어떻게 지진아

(a)

(b)

(c)

그림 3.3 (a)자폐증을 앓고 있는 나디아가 다섯 살 때 그린 말. (b)레오나르도 다빈치가 그린 말. (c) 여덟 살의 정상아가 그린 말. 나디아의 그림은 정상아의 그림보다 월등히 뛰어나며, 레오나르도의 그림만큼 뛰어나다는 점에 주목하자.

인 나디아가 이렇게 아름다운 그림을 그릴 수 있다는 말인가? 나는 격리 법칙 때문이라고 주장한다.

나디아의 경우 많은 부분, 심지어는 대부분의 뇌가 자폐증으로 손상을 입었을 것이다. 그러나 우측 두정엽에 있는 피질 조직의 일부는 손상을 입지 않았다. 따라서 나디아의 뇌는 동시에 그녀의 모든 주의 자원을 기능을 제대로 수행하고 있는 우측 두정엽에 할당한다. 우측 두정엽은 예술적인 비례 감각과 관련이 있는 뇌 영역이다. 우리는 성인의 경우 이 영역에 손상을 입으면 예술 감각을 상실한다는 사실을 알고 있다. 우측 두정엽 손상을 입은 뇌졸중 환자들은 때로는 너무 지나칠 정도로 상세하게 그림을 그리지만 그들이 묘사하고자 하는 그 그림의 결정적인 요소들은 부족하다. 그들은 예술적인 비례 감각을 상실했다. 나디아의 뇌는 모든 부분이 손상을 입었기 때문에 동시에 자신의 모든 주의를 우측 두정엽에 할당한다. 따라서 나디아는 뇌 속에 뛰어난 예술적 감각을 지니고 있어 말이나 수탉을 아름답게 그릴 수 있다. 정상인인 우리들 대부분이 수 년 동안 훈련해야 배울 수 있는 것을 나디아는 손쉽게 할 수 있다. 나의 주장과 일치하듯, 나디아는 점점 성장하고 언어 능력도 향상되면서 예술적인 감각을 상실했다.

다음으로 들 예도 매우 놀랍다. 캘리포니아 대학의 스티브 밀러 Steve Miller는 중년기에 전측두엽 치매fronto-temporal dementia가 급속도로 발전하는 환자를 연구했다. 전측두엽 치매는 전두엽과 측두엽에 영향을 미치지만 두정엽에는 아무런 영향을 주지 않는다. 환자 가운데 일부는 치매가 생기기 전에는 예술적인 재능이 없었음에도 갑자기 매우 아름다운 그림을 그리기 시작한다. 이것은 격리 법칙을 입증해주는 또 하나의 사례다. 환자들의 뇌의 모든 모듈들이 작동하지 않지만 그들의 우측 두정엽은 고성능으로 발전한다. 심지어 오스트레일리아의 앨런 스나이더Alan Snyder는 정상인 지원자들의 뇌의 일부를 일시적으로 마비시킴으로써 그런 숨겨진 재능들이 나타나게 할 수 있다는 보고서를 제출했다. 만약 그의 발견이 검증된다면 정말로 '멋진 신세계'를 맞게 될 것이다.

인간은 왜 예술을 창조했는가

또 다른 질문 하나가 뇌리를 스친다. 왜 인간은 예술을 군이 창조하고 감상하는 것일까?[8] 나는 이미 몇 가지 가능성이 높은 답변들을 넌지시 흘렸지만, 이제 좀더 구체화시켜보자. 최소한 상호 독립적이지 않은 4가지 가능성이 있다.

첫째, 사물을 발견하고 주의를 기울여 그것을 인식하기 위해 미학 법칙이 진화했지만 그것이 그런 직접적인 목적에 봉사하지 못할 때에도 인공적으로 과도하게 자극될 수 있다. 열량과 영양분은 전혀 없는 사카린이 과도한 단맛을 내는 것처럼 말이다.

둘째, 밀러가 주장하였듯이 예술적인 재능이란 눈과 손의 조화에 얼마나 능숙한지를 나타내는 하나의 지표이며, 따라서 미래의 반려자를 유혹하는 데 적합한 유전자를 광고하는 수단인지도 모른다. 아직 나도 확신을 갖지 못한 아이디어다. 이것만으로는 '지표'가, 실제 예술이 그런 것처럼, 특정한 형태를 취하는 이유를 설명할 수 없다. 무엇보다 심지어 페미니스트가 아니라 어떤 여성도 수를 놓고 뜨개질을 하는 것이 뛰어난 눈과 손을 조화시키는 능력을 요구함에도 남성을 유혹하는 데 효과가 있음을 발견하지 못한다. 핵심은 훨씬 더 직설적인 지표, 예를 들어 '남성이 매력을 느끼는 궁술이나 창던지기 능력은 왜 지표로 사용하지 않느냐'는 점이다.

셋째, '나는 피카소 작품을 소유하고 있으니 나를 도와서 우리의 유전자를 퍼뜨리자'는 이론으로 스티븐 핑커Steven Pinker는 사람들은 자신의 재력을 알리기 위한 지위 상징으로 예술을 필요로 한다고 주장한다.

넷째, 예술은 가상현실 시뮬레이션의 형태로 진화했을지 모른다는 생각으로 내가 선호하는 아이디어다. 여러분이 앞으로 있을 아메리카 들소 사냥이나 전투를 시연할 때처럼 여러분이 무엇인가를 상상할 때에도 실제 그것을 수행할 때와 같은 뇌 회로가 활성화된다. 따라서 여러분은 내부 시뮬레이션을 통해 실제 시연에 따르는 에너지 소비나 위험성 없이도 시나리오를 연습할 수 있다.

그러나 분명한 한계가 있다. 우리는 우리의 심상, 즉 내부 시뮬레이션이 완벽하지 않음을 진화를 통해 경험했다. 실제가 아니라 상상만으로도 향연을 즐길 수 있거나 배우자와 실제 성관계 없이도 상상만으로 오르가슴을 느낄 수 있는 돌연변이를 가진 인류는 자신의 유전자를 널리 퍼뜨리지 못할 것으로 보인다. 내부 시뮬레이션을 창조하는 우리 능력의 이러한 한계가 우리 조상들에게는 더 분명해 보였을 것이다. 이런 이유로 그들은 실제 아메리카 들소 사냥을 시연하거나 자식을 교육시키는 소도구로서 예술이라는 실제 이미지를 창조했을 것이다. 만약 이런 주장이 사실이라면 거울 상자를 통해 환자가 실제로 자신의 환상 팔을 보고 움직이는 것이 가능한 것처럼 우리는 예술을 자연 그 자체의 '가상현실'로 간주할 수 있을 것이다.

은유와 예술

지면 관계상 다른 법칙들에 대해 상세하게 논의하지는 못하지만 마지막 법칙만은 언급하고 넘어가고 싶다. 여러 면에서 가장 중요하면서도 정의하기에는 가장 어려운 법칙인 시각적 은유visual metaphor다. 인도 시인 라빈드라나트 타고르Rabindranath Tagore는 타지마할을 '시간의 뺨에 흐르는 눈물방울'이라고 묘사했듯이 문학에서는 여러 가지 가운데 중요한 특정 요소들을 강조하기 위해 서로 관련이 없어 보이는 두 가지를 병치한다. 시각 예술에서도 은유가 가능하다. 예를 들어 촐라 왕국 시대에 만들어진 여러 개의 팔을 가진 춤추는 시바, 나타라자Nataraja는 빅토리아 시대 예술비평가 조지 버드우드 경이 '여러 개의 팔을 가진 괴물'이라고 표현한 것처럼 문자 그대로 해석되어서는 안 된다(그림 3.4). (버드우드 경은 날개를 가진 천사를 괴물이라고 생각하지 않았다. 나는 의사로서 해부학적으로 팔이 여러 개일 수는 있지만 어깨뼈에 날개가 있을 수는 없다고 단언한다.)

복수의 팔은 신의 여러 가지 신성한 특징들을 상징하는 것이며, 나타라자가 속에서 춤추는 원형 불덩어리는 프레드 호일Fred Hoyle이 말했듯이 우주와 냉소적인 창조와 파괴의 자연이 춤추는 것을 은유한 것이다. 서양 예술이든 인도 예술이든 위대한 예술작품에는 은유로, 수많은 의미들이 깃들어 있다.[9]

우리 모두는 은유가 중요한 요소라는 사실은 알고 있지만 그 이유는 잘 이해하지 못하고 있다. '줄리엣은 태양이다'라는 말 대신 '줄리엣은 눈부시며 따사롭다'라고 하면 안 될까? 은유의 신경학적인 토대는 무엇일까? 우리는 그 해답을 모르지만 4장에서 그 해답을 찾는 시도를 할 것이다.

예술과 과학의 다리 놓기

수많은 사회과학자들은 아름다움, 자선, 경건, 사랑이 뇌 속의 신경세포의 활동 산물이라는 이야기를 듣고 다소 풀이 꺾이겠지만 그들의 실망감은 복잡한 현상을 각각의 구성 성분들로, 즉 환원주

그림 3.4 나타라자 혹은 춤추는 시바. 13세기 촐라 왕국 시대의 구리합금.

의로 설명하는 것이 옳다는 그들의 잘못된 가정에서 기인한다. 왜 잘못된 가정인지 살펴보자.

이제 우리는 21세기를 살고 있으며, 나는 당신과 당신의 애인, 에스메랄다가 함께 사랑을 나누는 모습을 지켜보고 있다. 나는 에스메랄다의 뇌를 스캔한 뒤 당신에게 그녀가 당신과 사랑에 빠져 있을 때와 사랑을 나누고 있을 때 뇌에서 일어나는 모든 것을 이야기한다. 나는 당신에게 그녀의 시상하부핵 속의 격벽에서 일어나는 일에 대해서 말하고 어떻게 특정 펩티드가 애정 호르몬인 프로락틴과 함께 분비되는지를 알려준다. 그러면 당신은 그녀에게 돌아서서 말한다. "이게 전부야? 당신의 사랑이 허구란 말이야? 이 모든 것이 화학물질이란 말이야?" 이에 대한 에스메랄다의 대답은 다음과 같다. "그 반대에요. 이 모든 뇌 활동은 내가 당신을 정말로 사랑하며, 내가 당신을 속이고 있지 않다는 증거지요. 그것이 나의 사랑이 진짜라는 당신의 확신을 더욱 강화시킬 거예요." 예술이나 신앙심 혹은 유머도 마찬가지다.

이제까지 살펴본 미학의 법칙들은 예술에 대해 알아야 할 모든 것을 포함하고 있을까? 물론 그렇지 않다. 나는 단지 빙산의 일각만 언급했을 뿐이다. 그러나 이런 법칙들이 앞으로 나올 예술론의 일반적인 형태에 단서가 되기를 바라며, 신경과학자가 어떻게 그와 같은 문제에 접근할 수 있는지에 대한 본보기가 되기를 희망한다.

나는 미학과 관련된 문제들을 해결하기 위해서는 뇌 속의 30개의 시각중추와 감정 변연계 구조 사이의 연결고리를 좀더 치밀하게 이해해야 한다고 믿는다. 일단 그런 연결고리들을 명확하게 이해하게 되면, 우리는 과학을 하나의 문화로 예술과 철학, 인문학을 또 하나의 문화로 구분한 C. P. 스노의 두 가지 문화를 연결시키는데 한 발 더 다가서게 될 것이다.

우리는 전문화가 구시대의 유물이 되고 21세기형 르네상스인이 태어나는 새로운 시대의 여명에 서 있다.

4

공감각,
진화하는 우리 마음의 메타포

여보게, 왓슨. 자네는 내 방식을 알고 있을 걸세.
그건 바로 사소한 것들을 관찰하는 것에서 비롯된다는 것을.

– 셜록 홈스

공감각에 대한 일반적 설명의 한계

19세기 빅토리아 시대의 과학자이며 찰스 다윈의 사촌인 프랜시스 골턴은 뭔가 매우 색다른 것에 주목하고 있었다. 그는 일부 사람들이 정상적인 사람들과는 달리 특정 음조를 들을 때마다 특정 색깔을 느낀다는 사실을 발견했다. 이들은 반올림 도를 듣게 되면 빨간색을 느끼고, 반올림 파를 들으면 파란색을 느꼈으며, 또 다른 음을 들으면 남색을 느끼는 식이었다. 골턴은 이런 감각의 이상한 혼재를 '공감각'이라고 명명했다. 이런 것을 경험하는 사람들 중에는 또한 숫자를 볼 때 색깔을 보는 사람들도 있다. 이들은 흰색 종이 위에 적힌 5라는 검은색 숫자를 볼 때마다 그것을 빨간색으로 인지하게 되는 것이다. 마찬가지로 숫자 6은 녹색, 7은 남색, 8은 노란색 등으로 보게 된다. 골턴은 이런 현상이 가족들 내에서 대대로 나타난다고 주장하였는데, 이런 사실을 최근에 케임브리지의 사이먼 배런 – 코헨Simon Baron – Cohen이 확인한 바 있다.

공감각이라는 현상이 100년 넘게 알려져 왔음에도 불구하고 이는 대개 호기심의 대상으로만 여겨졌을 뿐 신경과학과 심리학의 연구 대상으로는 여겨지지 않았다. 그러나 이런 이례적인 사실은 과학에서 아주 중요할 수 있다. 물론 대부분의 이례적 사실들은 텔레파시나 스푼 구부리기 또는 저온핵융합 등과 같이 잘못된 경종을 울리는 것으로 밝혀지지만, 만약 제대로 된 것을 하나 선택하게 된다면 어떤 분야의 연구 방향을 완전히 바꿀 수 있으며 과학적 혁명을 일으킬 수 있게 된다.

먼저 공감각에 대한 설명으로 제안되어온 가장 일반적인 설명들을 살펴보자.

여기에는 4가지가 있다. 그 중 첫 설명이 가장 이해하기 쉽다. 즉, 공감각을 소유한 사람들은 단지 미쳤다는 것이다. 이것이 일반적인 과학자들의 반응이다. 즉, 어떤 것이 일반적으로 받아들여지는 '커다란 그림'에 들어맞지 않는 경우 그것을 카펫 밑으로 쓸어버리는 것과 같다.

둘째 설명은 이들이 약물을 복용하고 있다는 것이다. 공감각이 환각제인 LSD를 사용하는 사람들에게서 더 일반적으로 나타난다는 점에서 이런 설명이 완전히 부적당한 비평인 것만은 아니다. 하지만 실제로 그런 일이 일어난다면 왜 일부 화학물질들이 공감각을 일으키는가?

셋째 설명은 공감각은 단지 어릴 때의 기억을 불러일으키는 것이라는 것이다. 예를 들어 어린 시절 냉장고에 붙어 있던 숫자 5 모양의 자석이 빨간색, 6 모양의 자석이 파란색, 7 모양의 자석이 녹색이었고 어떠한 이유로 이 기억이 지속되었을 수 있다. 만약 이것이 사실이라면 이런 현상이 왜 가족들 간에 대대로 똑같이 나타나는가라는 의문이 들기 때문에 이런 설명은 그다지 공감이 가지 않는다(동일한 자석이 대대로 물려지거나 그 집안사람이 자석을 가지고 노는 성향이 있지 않는 한 불가능한 일이다).

넷째 설명은 더욱 난해하며 감각적인 은유를 담고 있다. 우리의 일상 언어는 공감각적인 은유, 교차감각적 은유로 가득하다. 예를 들어 '체더치즈는 날카롭다'라는 말이 있다. 실제 치즈는 날카롭지 않고 부드럽다. 이 말이 의미하는 것은 맛이 자극적이라는 뜻이며, 여기서의 '날카롭다'는 것은 은유다. 그러나 이것은 순환논증이다. 왜 미각에 촉각 형용사인 '날카롭다'는 단어를 사용하는가?

과학에서 하나의 신비로운 사실이 다른 신비로운 사실로 설명될 수는 없다. '공감각은 단지 은유다'라고 말하는 것은 아무런 설명을 하지 않는 것과 같다. 우리는 은유가 무엇인지도 모르고 그것이 뇌에서 어떻게 발현되는지 알지 못하기 때문이다. 실로 나는 이와는 반대로 공감각은 감각적 현상으로서 그것의 신경적 기초가 뇌에서 발견될 수 있고, 은유처럼 마음의 알기 힘든 면을 이해하는 데 실험적 발판이 될 수 있다고 말하고 싶다.

과학적 이론의 요건

왜 공감각은 그렇게 오랫동안 무시되었을까? 여기 과학사에 중요한 교훈이 숨어 있다. 진기하고 이례적인 현상을 주된 과학의 영역 일부로 추가하여 영향력을 갖도록 하기 위해서는 3가지 기준을 만족해야 한다. 첫째, 그 현상은 증명할 수 있는 실제 현상이어야 하며, 조절되는 상황 속에서 신뢰할 수 있을 정도로 반복되어야 한다. 둘째, 기존에 알려진 원리들에 기초하여 그 현상을 설명할 수 있는 메커니즘이 있어야 한다. 셋째, 현상 그 자체를 뛰어넘는 중요한 함축이 있어야 한다.

텔레파시를 예로 들어보자. 텔레파시가 진짜 존재하는 것이라면 엄청나게 중요한 함축을 갖고 있으며 따라서 셋째 기준을 만족시킨다. 그러나 신뢰할 정도로 반복해서 일어나지는 않으므로 첫째 기준은 만족시키지 못한다. 심지어 우리는 텔레파시가 실제 현상인지 아닌지도 잘 모른다. 텔레파시 현상을 관찰하고자 하면 할수록 그 기회는 더 적어지고 그 흔적을 발견하기 힘들게 된다.

또 다른 예로 박테리아의 형질전환을 들 수 있다. 수년 전에 폐렴구균의 한 종을 다른 종과 함께 배양했더니 그 다른 종이 폐렴구

균으로 형질이 전환된다는 사실이 밝혀졌다. 실제로 형질전환은 오늘날 박테리아 DNA라고 불리는 화학물질을 추출하는 것만으로도 유도할 수 있다. 이런 사실은 저명한 학술지에 게재되었고, 신뢰할 만한 정도로 반복되었다. 그러나 어느 누구도 그 메커니즘을 알 수 없었기 때문에 사람들은 그 사실을 무시했다. 유전 형질을 화학물질 속에 암호화하는 것이 어떻게 가능할 수 있을까? 그러나 왓슨과 크릭이 DNA의 이중나선구조를 밝히고 유전암호를 해독했다. 이 일이 있은 후 과학계는 고무되었고 박테리아의 형질전환을 중요한 요소로 인식하게 되었다.

나는 공감각에 대해 유사한 실험을 해왔다. 나는 우선 공감각이 가짜가 아니고 실제로 존재한다는 사실을 입증할 것이며, 다음에 뇌 속에서는 무슨 일이 일어나고 있는지에 대한 가능성 높은 메커니즘을 제안할 것이다. 그리고 마지막으로 공감각에 매우 폭넓은 함축이 있다는 증거를 들 것이다. 이것은 우리에게 은유와 같은 것에 대해 말해줄 수 있을 것이며, 뇌에서 언어가 어떻게 진화했는지, 심지어는 우리 인간에게 매우 능숙한 추상적 생각의 창발emergence에 대해서도 말해줄 수 있을 것이다.

공감각은 실제로 존재한다

공감각이 실제로 나타나는 현상임을 보여주고자 나는 동료들과 함께 공감각자synesthete를 구별해내기 위한 임상실험을 했다. 우선 숫자를 색깔로 인지하는 두 명의 공감각자를 찾았다. 이들은 5를 초록색으로 2를 빨간색으로 인식하고 있었다. 우리는 컴퓨터 화면에 숫자 5들을 아무렇게나 섞어놓고 배열된 5들 사이에 기하학적 모양을 이루도록 여러 개의 2를 함께 배열했다. 정상인은 2가 배열된 모든 위치를 인지하는 데 20초 걸렸으나(그림 1.8) 두 명의 공감각자는 초록색으로 인지되는 5 사이에 흩어져 있는 2를 빨간색으로 인지함으로써 2의 기하학적 배열을 즉시 또는 매우 빨리 인지했다(그림 4.1). 이들은 분명 미치지는 않았다. 어떻게 미친 사람이 정상인을 능가할 수 있겠는가? 이런 현상은 기억에 의존한 것이 아니라 감각에 의존한 것임에 틀림없다. 그렇지 않다면 기하학적 모양을 있는 그대로 볼 수는 없었을 것이다. 이 실험과 다른 유사한 실험들을 통해, 우리는 공감각 현상이 과거에 여겨왔던 것보다는 훨씬 더 일반적 현상이라는 것을 알게 되었다. 실제로 우리는 200명 중 1명이 공감각자라는 사실을 발견했다.

공감각의 메커니즘

무엇이 공감각을 일으키는가? 1999년, 나는 제자인 에드 허버드와 함께 측두엽의 방추회라는 구조를 관찰하고 있었다. 방추회는 세미르 제키가 기술한 색깔 영역 V4를 포함하고 있다(Zeki and

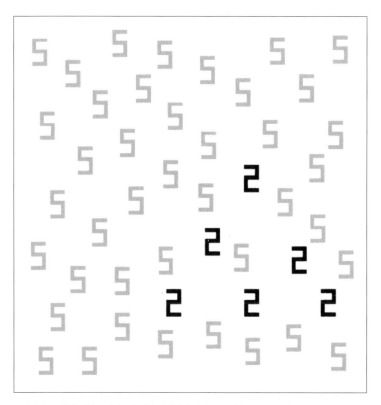

그림 4.1 공감각 여부를 알아보기 위한 임상실험. 숫자 5를 임의적으로 배열한 바탕에 숫자 2를 사이에 끼워놓았다. 비공감각자들은 바탕 안에 있는 기하학적 모양(이 경우는 삼각형)을 구분하는 데 많은 어려움을 느낀다. 반면 숫자를 색깔로 인지하는 공감각자들은 삼각형 모양을 훨씬 더 쉽게 발견할 수 있다(그림 1.8과 비교해보라).

Marini, 1998). 우리는 그곳이 색깔정보를 처리하는 영역이지만 뇌영상 실험에서 볼 수 있듯이 숫자를 인지하는 뇌의 숫자 영역이 색깔 영역과 거의 맞닿아 있다는 사실을 떠올리게 되었다(그림 4.2). 공감각의 가장 일반적 형태가 숫자/색깔 공감각이고, 숫자 영역과

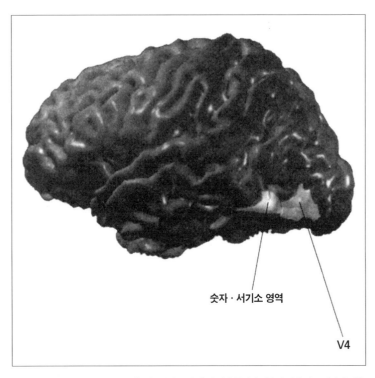

숫자 · 서기소 영역

V4

그림 4.2 색깔 영역인 V4와 소위 '숫자 · 서기소 영역'이 뇌 측두엽의 방추회 내에 서로 인접해 있음을 보여주는 그림. 이들 인접 영역 사이의 '교차활성'이 공감각에 신경 기질(基質)을 제공해주는 것 같다.

색깔 영역이 서로 뇌의 동일 부분에 바로 인접해 있다는 것은 단순한 우연의 일치가 아니다. 공감각자는 내가 진료한 환상사지 환자의 경우처럼 우연적 혼선을 나타내는 것처럼 보인다(1장 참고). 여기서 환상사지와 공감각의 차이는 사지의 절단이 아니라 뇌의 어떤 유전적 변화 때문에 나타난다는 점이다. 공감각을 지닌 사람들에 관한 영상 실험(그림 4.3)은 공감각자에게 흑백 숫자를 보여주

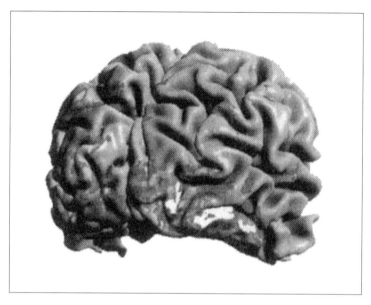

그림 4.3 공감각자 뇌의 뒤쪽 모습. 회색 바탕 위에 흰색 숫자들을 보고 있는 피험자의 fMRI(기능별 자기공명영상)는 색깔처리 영역인 V4에 높은 활성이 나타나고 있음을 보여주고 있다. 정상인의 경우 동일한 것을 보더라도 이 영역이 활성화되지 않는다.

면 방추회의 색깔 영역에서 활성화가 일어난다는 사실을 보여준다.[1]

게다가 매우 우연한 관찰로부터 이런 '교차활성' 이론을 뒷받침하는 다른 증거를 찾을 수 있었다. 우리는 최근 부분적으로 색맹인 한 사람을 알게 되었는데 그는 완전한 공감각자였다. 이 사람은 망막 추상체에 색소 결핍이 있어서 모든 범위의 색깔을 볼 수는 없었다. 그러나 숫자를 보게 되면 다른 경우 결코 경험할 수 없는 색깔을 볼 수 있었다. 그는 이 색을 '화성의 색깔'이라며 매력적으로 표현했다. 이런 현상은 이 사람의 눈에 색을 인지하는 수용체가 결핍되어 있음에도 뇌의 색깔 영역이 정상이고, 숫자에 의한 교차활성을 통해 간접적으로 거기에 접근할 수 있기 때문에 가능하다고 여겨진다. 이런 관찰은 기억연상가설에 대한 강한 반증을 제공해준다. 어떻게 실제 보지도 못한 무언가를 기억해낼 수 있겠는가?

흥미롭게도 일부 공감각자들은 심지어 보이지 않는 숫자의 경우도 색깔로 인식할 수 있다. 만약 하나의 숫자(5라고 해보자)가 한쪽 옆에 있고 '혼돈자distractor'라고 하는 다른 두 숫자가 그 숫자 양쪽에 위치하면 보통 사람의 경우 가운데 있는 숫자를 구별하는 것이 어렵다는 것을 알게 되는데, 이런 것을 '밀쳐내기 효과 crowding effect'라고 한다. 이 효과는 주변시각 내의 통찰력 감소에 의한 것이 아니다. 왜냐하면 옆에 위치한 두 개의 혼돈자가 제거되면 쉽게 동일 숫자를 볼 수 있기 때문이다(그림 4.4). 밀쳐내기는 옆에 놓인 숫자들이 중앙의 숫자에 대한 주의를 분산시키기 때문에 일어난다.

그러나 공감각자는 숫자 자체를 분간하지 못하더라도 숫자 5를 빨간색으로 인지하기 때문에 5라는 대상을 인식하게 된다. 이런 사실은 심지어 의식적으로 볼 수 없는 숫자일지라도 색깔을 불러일으켜 인식하게 한다는 것을 말해주는 것이다! 숫자를 의식적으로 인지하는 단계 이전에 먼저 교차활성이 일어나고 색깔로 인지된 후 뇌의 상층 중심으로 옮겨가게 되는데, 이 부위에서 숫자를 의식적으로 인지하여 그 숫자가 무엇인지 지적으로 판단한다고 말

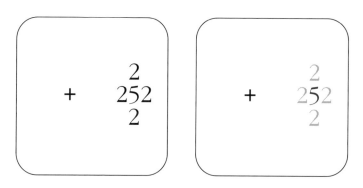

그림 4.4 '보이지 않는 숫자.' 정상인은 중앙의 고정 기호(여기서는 +기호)를 응시하면서 주변시각으로 한쪽 옆에 떨어져 있는 하나의 숫자를 쉽게 볼 수 있다(왼쪽). 그러나 그 숫자가 옆으로 다른 숫자들에 의해 둘러싸이면 보통사람은 그 숫자를 인지하지 못하게 된다. 반대로 공감각자는 인지되는 색깔로 중앙의 숫자를 추론해낼 수 있다.

할 수 있다.[2] 이런 현상은 2장에서 언급된 '맹시' 현상과 이상한 유사성이 있다. 이를 통해 또한 많은 공감각자가 실제로 색깔을 전화번호나 음계 등을 익힐 때 기억 보조장치로 사용하는 이유를 설명할 수 있을 것이다.

왜 이런 혼선이나 교차활성이 일어날까? 이런 현상이 가족간에 대대로 일어난다는 사실을 통해 하나 또는 여러 유전자 세트가 이 현상과 관련이 있을 것으로 보인다. 이런 불량 유전자가 무엇을 하고 있는 것일까? 한 가지 가능성은 우리가 태어날 때는 뇌가 과도한 접속 상태에 있다는 것이다. 태아 시기에는 과도한 접속 상태이다가 가지가 쳐져 나가면서 규격화된 성인의 뇌가 되는 것이다. 내가 생각하기에 이들 공감각자의 뇌에는 일명 '가지치기' 유전자가 결여되어 뇌의 영역간 교차활성이 나타나는 것으로 보인다.[3] 또는 일부 화학물질의 불균형으로 인해 정상적으로는 느슨하게 연결된 뇌의 인접 지역 간에 교차활성이 일어나는지 모른다.

우리가 그 다음으로 발견한 사실은 더욱 놀랄 만한 것이었다. 두 명의 피험자에게 아라비아숫자 5와 6 대신에 로마숫자 V와 VI을 보여주었다. 그들은 이 로마숫자들이 각각 5와 6임을 알고 있으나 색깔을 보지는 못했다. 이 실험 결과는 숫자를 색깔로 인식하는 것은 수적 개념이 아니라 숫자의 모양에 따른 것임을 보여주는 것으로 매우 중요하다. 이런 사실은 방추회가 연속성이나 순서성의 추상적 개념이 아니라 숫자나 문자의 모양을 그려내기 때문에 내 주장과 일치하는 것이다.[4]

뇌의 어느 부분이 숫자의 추상적 개념을 그려내고 있는지 알지는 못하지만 좌반구의 모이랑(각회)이 관련되었을 것으로 추정된다. 이 영역에 손상을 입은 환자는 숫자를 정확히 보고 인지할지라도 더 이상 산수계산을 하지 못하게 된다. 이 환자들이 여전히 대화가 유창하고 지적일지라도 17 빼기 3과 같은 단순 계산조차도 할 수가 없다. 이런 사실은 방추회에서는 숫자의 모양을 처리하는 반면 추상적 숫자의 개념은 모이랑 부위에서 그려진다는 것을 말해준다.

그러나 모든 공감각자가 똑같은 것은 아니다. 우리는 이후 단지 숫자뿐 아니라 심지어 요일이나 월을 색깔로 인지하는 사람들을

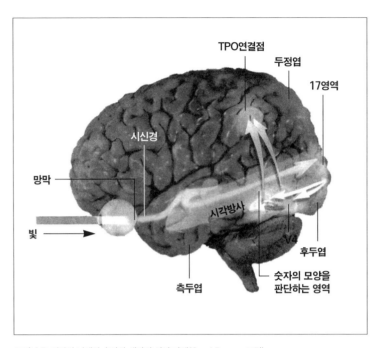

그림 4.5 인간의 뇌에서 숫자와 색깔의 처리 단계(Carol Donner 그림)

만날 수 있었다. 이들은 예를 들어 월요일은 빨간색, 화요일은 남색, 12월은 노란색으로 인지했다. 사람들이 이들을 미친 사람으로 여기는 것이 놀랄 만한 일은 아니었다. 요일, 달, 숫자는 모두 연속성 또는 순서라는 추상적 개념을 갖는다는 점에서 공통점이 있으며, 이런 개념은 모이랑 근처에 있는 측두부 두정부 후두부 연결점 TPO junction의 상위 부위에서 그려지는 것으로 나는 믿고 있다(그림 4.5). 이제는 색깔 처리 계층구조에서 인접한 색깔 영역이 모이랑에서 결코 멀지 않은 TPO 연결점 근처의 윗부분에 있다는 사실이 더 이상 놀랄 만한 일이 아니다. 따라서 날짜나 월을 색깔로 인지하는 사람에게 나타나는 혼선은 모이랑의 상위 부분에서 일어난다고 생각된다. 이런 이유로 나는 이들을 상위 공감각자라고 부른다. 요컨대, 처리의 초기 단계에서 만약 잘못된 유전자가 방추회에서 선택적으로 발현되면 시각적 모양에 의해 이끌리는 하위 공감각자가 된다. 만약 그 유전자가 모이랑 근처의 상위에서 발현된다면 보이는 모양이 아닌 수적 개념에 의해 이끌리는 상위 공감각자가 된다. 이런 선택적 유전자의 발현은 전사 인자transcription factor에 따라 다르게 나타날 수 있다.[5]

공감각, 예술 그리고 은유

200명 중 1명꼴로 이처럼 색깔이 있는 숫자를 보는 완전히 불필요한 특성을 갖고 있다. 왜 이런 유전자가 살아남았을까? 이는 흡사 겸상적혈구 빈혈과 유사하다고 할 수 있다. 이들 유전자들은 다른 중요한 무언가를 하고 있는 것이다.[6]

오랫동안 알려져 왔으면서도 무시되어왔던 공감각에 대한 진기한 사실 가운데 하나는 일반적으로 공감각이 예술가, 시인, 소설가들에게서 7배나 더 많이 나타난다는 사실이다. 이런 이유가 과연 예술가들이 미쳐서일까? 아니면 그들이 자신들의 경험들을 기꺼이 드러내놓고 표현하기 때문인가? 아니면 자신들에게 주의를 끌

려고 시도하기 때문인가? (많은 저명한 예술가들이 공감각자라면 공감
각자가 되는 것은 매력적인 것이다.) 그러나 나는 매우 다른 견해를
제안하고자 한다.

예술가, 시인 그리고 소설가가 공통적으로 지닌 특징은 은유를
구성하는 그들의 기법이다. 맥베스가 삶에 대해 "꺼져라, 꺼져, 덧
없는 촛불아"라고 말한 것처럼, 그들의 뇌는 겉보기에는 아무런 관
련이 없는 개념을 연결시키는 것처럼 보인다. 그러면 왜 삶을 하나
의 초에 비유했을까? 삶이 하나의 긴 흰색의 그 무엇과 같아서일
까? 그건 분명 아니다. (정신분열증 환자를 제외하고는) 은유적 표현
을 글자 그대로 받아들이지는 않는다. 어떤 면에서 삶은 초와 같
다. 삶은 덧없으며, 죽을 수 있으며, 단지 매우 짧은 시간 동안만
빛을 발한다. 우리의 뇌는 모든 것을 올바르게 연결시킨다. 셰익스
피어 역시 이것에 관한 한 대가였다.

이제 한 가지 추가로 가정해보자. 즉 이런 '교차활성'이나 '과도
연결hyper-connectivity' 유전자가 뇌의 방추회나 모이랑에 국한되지
않고 뇌 도처에 더욱 확산되어 발현된다고 상상해보자. 우리가 이
제까지 보아왔듯이 그 유전자가 방추회에서 발현되면 하위 공감각
자가 될 것이고 모이랑/TPO 연결점에서 발현된다면 상위 공감각
자가 될 것이다. 그러나 뇌의 전역에서 그 유전자가 발현된다면 뇌
전역에 훨씬 더 과도한 연결성을 지니게 되고, 결국 그 사람은 겉
보기에 아무 관련성이 없는 것을 연결시키는 능력인 은유적 경향
을 더욱 더 띠게 될 것이다. (결국, 소위 '추상적' 개념으로 불리는 것

조차도 뇌 지도에서 그려진다.)

　이는 반反직관적으로 보일지 모르지만 숫자와 같은 것을 한번 생각해보라. 숫자보다 더 추상적인 것은 없다. 5마리 돼지, 5마리 당나귀, 5개의 의자, 5가지 소리 등. 이 모든 것은 서로 다르지만 공통적으로 5라는 숫자 개념을 사용하고 있다. 이런 5라는 개념은 모이랑이라는 상당히 좁은 지역에서 표현된다. 그러므로 다른 높은 수준의 개념 역시 뇌 지도에서 표현될 수 있으며, 과도한 연결성을 지닌 예술적 감각을 지닌 사람들은 재능이 적은 사람에 비해 더 유창하고 더 쉽게 이런 연상작용을 할 수 있는 것이다.[7]

우리는 모두 공감각자이다 - booba/kiki 실험

지금까지 우리는 공감각이 진짜 발생하는 감각 작용이라는 점과 공감각이 나타나는 메커니즘을 제시했고, 따라서 공감각을 과학의 주류 내로 받아들이기 위해 위에서 언급한 처음 두 가지 기준을 만족시켰다. 이제 남은 과제는 공감각이 단지 초자연적이거나 이상한 어떤 것이 아니라 한정된 특이성의 범위를 넘어 많은 함축을 갖고 있음을 설명하는 것이다. 내 견해로는 공감각은 일부 사람의 뇌에 존재하는 특정 부분이 아닌 그 이상을 의미한다. 사실 우리 대부분이 공감각자란 사실을 지금부터 입증해보자.

　여러분 앞에 물결치는 듯한 곡선으로 가득한 아메바 모양과 바

그림 4.6 두 가지 추상적 형태 가운데 어떤 것이 'booba'이며 어떤 것이 'kiki'에 해당하는지를 물어보면 응답자들 중 95~98퍼센트가 물방울 모양을 'booba'로 톱니 모양을 'kiki'로 지목한다. 이는 비영어권 사람들인 타밀인들에 대해서도 동일하게 적용된다. 타밀어 철자에는 B나 K에 해당하는 유사한 모양이 존재하지 않는다. 이런 효과는 톱니 모양 또는 곡선 모양과 같은 성질에 대한 교차양상 추상화에 관여하는 뇌의 능력을 증명하는 것이다. 왼쪽 모이랑이 손상되어 은유와 관련하여 장애를 지닌 환자에게서는 이러한 효과가 나타나지 않았다.

로 옆에 날카로운 모서리를 갖는 깨진 유리조각과 같은 톱니 모양이 있다고 상상해보자(그림 4.6). 이 두 모양이 화성인 문자의 처음 두 글자다. 이 두 모양 중 하나는 kiki이고 다른 하나는 booba인데, 여기서 여러분은 어떤 것이 무엇을 의미하는지 선택해야 한다. 자 그림을 보고 어떤 것이 kiki인지 선택해보자. 이와 같은 실험에서 98퍼센트의 사람이 톱니 모양의 것을 kiki라고 선택했고 볼록한 아메바 모양의 것을 booba라고 선택했다. 여러분이 이 98퍼센트에 속한다면 여러분 역시 공감각자다. 그 이유를 설명해보자.

kiki라는 글자를 보고 'kiki'라는 소리를 비교해보자. 이들 둘다 하나의 성질을 공유하고 있다. 즉, kiki의 보이는 모양은 날카로운 굴곡을 갖으며 여러분의 뇌의 청각중추에 있는 청각피질에서 표현되는 'kiki'라는 소리 역시 날카롭고 급격한 억양을 갖는다. 여러분의 뇌는 교차양상 공감각 추상화cross-modal synesthetic abstraction를 수행하고 있으며, 톱니 모양의 공통점을 인지하고 끌어내어 모양과 소리 모두 kiki라는 결론에 도달하는 것이다.

(흥미롭게도 영어를 말하거나 쓰지 않는 타밀인들에게서도 동일한 결과를 목격할 수 있다. 따라서 이런 현상은 글자 K의 시각적 모양을 닮은 톱니 모양과는 무관한 것이다. 다른 모양도 또한 이런 방법으로 소리와 짝을 이룰 수 있다. 예를 들어 여러분이 선명하지 않거나 연기 모양의 선과 톱니를 보고 사람들에게 어떤 것이 'rrrrr'이고 어떤 것이 'shhhhh'인지를 물어보면 사람들은 바로 전자의 것을 'shhhhh'과 짝을 짓고 후자의 것을 'rrrrr'과 짝을 짓는다.)

우리는 좌뇌반구의 모이랑에 매우 작은 손상을 입은 환자에게 booba/kiki 실험을 수행해보았다. 여러분과 나의 경우와는 달리 그들은 무작위적인 모양 – 소리 연관성을 보였다. 그들이 비록 화술이 유창하고 지적이고 다른 면에서는 극히 정상인 것처럼 보일지라도, 그들은 교차양상 공감각 추상화를 행할 수 없었다. 모이랑(그림 1.3)이 전략적으로 두정엽(촉각과 자기수용과 관련됨), 측두엽(청각과 관련됨) 및 후두엽(시각과 관련됨) 사이의 교차로에 위치하고 있기 때문에 위와 같은 사실을 잘 이해할 수 있다. 따라서 모이랑은 서로 다른 감각 형태가 집중됨으로써 우리 주변의 사물에 대한 추상적이고 자유로운 양상의 표현을 할 수 있도록 전략적으로 위치해 있는 것이다. 논리적으로는 톱니 모양과 'kiki'라는 소리는 아무 공통점이 없다. 모양이라는 것은 평행하게 망막을 때리는 광자로 구성되어 있고, 소리는 내이에 있는 청각세포를 때리는 일종의 날카로운 공기의 진동이다. 그러나 뇌는 공통된 분모인 톱니 모양의 성질을 끄집어낸다. 우리 인간을 뛰어난 존재로 만드는, 우리가 추상화라고 부르는 성질의 처음 출발점이 바로 모이랑인 것이다.

왜 이런 능력이 인간에게서 처음으로 발달되었을까? 왜 교차양상 추상화일까? 하등 포유류, 원숭이, 유인원 그리고 인간의 뇌를 비교해보면 TPO 연결점과 모이랑이 점차로 확대되는 것을 발견할 수 있는데, 그 발달 정도는 가히 폭발적이다. 특히 인간에게 더욱 그러하다. 내가 생각하기에는 인간에게 이런 능력이 초기에 발달되어 우리가 나무 꼭대기에서 나뭇가지를 움켜잡고 이 가지에서 저 가지로 뛰어다니면서 살아남는 데 도움이 되었을 것이다. 이런 행동을 하기 위해서는 팔과 손가락의 각도를 조절하여 근육과 관절의 수용체에 의해 신호가 전달되는 자기수용 지도와 가지의 시각적 모양의 수평상태(광량자의 수평적 배열)를 일치시킬 필요가 있다. 이것이 바로 모이랑이 점점 더 커진 이유다.

그러나 일단 교차양상 추상화에 관여하는 이런 능력이 발달되자 그 구조는 이번에는 현대 인간을 뛰어나게 만든 추상화의 다른 형태(그것이 은유든 어떤 다른 것이든)를 위한 탈적응exaptation이 되었다.[8] 어떤 구조를 원래 발달된 목적보다는 다른 것을 위해 기능하도록 하는 이런 기회주의적 강탈은 생물학에서 예외적인 일이라기보다는 하나의 규칙이다. 예를 들어 파충류에서 씹기 위해 발달된 아래턱에 있는 2개의 뼈는 포유류에서 듣는 데 사용되는 중이에 있는 작은 뼈로 전환되었다. 그 이유는 단순한데, 이들 뼈들이 '적절한 때와 장소에' 있었기 때문이다.

나는 뇌의 2개의 반구에서 TPO 연결점(특히 모이랑 부위) 역시 은유의 다소 서로 다른 유형[좌반구는 '요란한 셔츠' '날카로운 치즈' 같은 교차양상 은유를, 우반구는 어떤 직책에서 내려오기(사임)와 같은 공간적 은유를 담당]을 조정하는 데 상보적 역할을 발전시켜왔다고 짐작하고 있다. 이에 대해서는 아직 체계적으로 실험이 진행되지 못했다. 그러나 이전에 내가 주목했듯이 최근의 실험 대상이었던 좌반구 모이랑에 손상을 지닌 두 환자는 속담과 은유 표현을 해석하는 데 구제불능이었고 또한 booba/kiki 시험에서도 실패했다.

언어는 어떻게 진화했는가

마지막으로 언어의 진화 문제를 짚어보자. 이 문제는 항상 상당한 논쟁이 되는 주제였다. 언어는 놀라운 것이다. 언어의 미묘함과 뉘앙스는 엄청난 어휘와 결합하여 매우 세련된 메커니즘을 산출해낸다. 우연한 변수들의 점진적인 축적으로부터 생겨난 기린의 긴 목처럼, 단일한 특성을 상상하기란 쉬운 일이다. 그러나 서로 맞물린 매우 많은 구성 요소를 갖는 언어와 같이 특히 복잡한 메커니즘이 어떻게 우연의 무계획적인 작업인 자연선택을 통해 발전되어왔을까? 어떻게 꿀꿀거리고 짖고 끙끙대던 유인원과 같은 우리의 선조들이 모두 셰익스피어처럼 지적인 사람, 혹은 조지 W. 부시처럼 변했을까? 몇 가지 이론이 있다.

앨프리드 러셀 월리스Alfred Russell Wallace는 "그 메커니즘은 너무 복잡해서 결코 자연선택을 통해 발달될 수 없었을 것이며, 분명 신의 간섭의 결과임에 틀림없다"고 말했다. 둘째 이론은 언어학의 창시자인 노암 촘스키Noam Chomsky에 의해 나왔다. 그는 비록 신에 호소하지는 않았지만 이와 매우 유사한 것을 말했다. 그는 이 메커니즘은 매우 세밀하고 복잡해서 자연선택, 우연의 무계획적인 작업을 통해서는 나타날 수 없고, 매우 좁은 공간 내에 1,000억 개의 신경세포가 하나로 모인 결과 일종의 새로운 물리법칙이 나타났을 것이라고 말했다. 그는 이것은 거의 기적(이 단어를 쓰지는 않았지만)이라고까지 말했다. 불행하게도 월리스와 촘스키의 이론은 모두 실험으로 증명될 수 없는 이론들이다.

셋째 이론은 MIT 대학의 심리학자인 스티븐 핑커가 제안했다. 핑커에 따르면 언어의 진화가 그렇게 신기한 일은 아니라고 한다. 우리가 지금 보는 것은 진화의 최종 결과이며, 그 중간 과정이 무엇이었는지 알지 못하기 때문에 단지 신비롭게 보이는 것뿐이다. 나는 자연선택이 유일한 그럴듯한 설명이라는 점에서 그가 옳다고 생각한다. 그러나 그는 충분히 멀리 나가지 못했다. 생물학자로서 우리는 세부사항을 원한다. 우리는 언어가 단지 자연선택을 통해 진화되었을 수도 있다는 사실이 아니라 그 중간 과정이 무엇인지 알고 싶다. 그런 과정을 밝히는 필수적인 단서는 booba/kiki의 예와 공감각에서 얻을 수 있으며, 그 단서를 통해 나는 언어의 기원에 대한 공감각적 자발 이론bootstrapping theory을 제안하고자 한다.

어휘를 가지고 시작해보자. 우리가 공유하고 있는 어휘, 수천 개 단어로 이루어진 이 엄청난 레퍼토리는 어떻게 발전되었을까?[9] 우리의 선조들이 모닥불 주변에 앉아 '모두 이 물체를 도끼라고 부릅시다' 라고 말했을까? 물론 아니다. 그렇게 하지 않았다면 그들은 어떻게 했을까? booba/kiki의 예가 그 실마리를 제공한다. 이 예는 방추회에서 묘사되는 물체의 시각적 모습과 청각피질에서의 청각적 묘사 사이에 미리 존재하고 있는 비자의적인 번역이 있다는 것을 보여준다. 다시 말해, 공감각 교차양상 추상화가 시각적 모양과 청각적 묘사 사이에 사전에 존재하는 번역을 이미 진행하고 있는 것이다. 이는 매우 작은 성향이지만 진화 과정에서 무엇인가가 시작되기에는 충분하다.[10]

그러나 이것은 단지 일부다. booba/kiki 효과처럼 소리와 시각 사이에 이미 존재하고 있는 내재된 교차활성이 있는 것과 마찬가지로, 방추회의 시각영역과 발성과 발음(우리의 입술과 혀와 입을 움직이는 방법)의 근육을 조절하는 프로그램을 생성시키는 뇌 전면의 브로카영역 사이에도 비자의적인 교차활성이 있는 것이다. 어떻게 그것을 아는가? 'teeny-weeny(작은)' 'un peu(조금)' 'diminutive(조

그마한)'란 단어를 발음해보라. 여러분의 입술이 어떻게 움직이는지 한번 보라. 입술은 여러분이 말하고 있는 것의 시각적 모양을 육체적으로 흉내내고 있다. 이번에는 'enormous(거대한)' 'large(커다란)' …… 등의 단어를 말해보라. 그런 모방은 브로카영역의 운동 지도에서 표현되는 어떤 '소리'에 대해 어떤 시각적 모양을 체계적으로 지도화하는, 원래 존재하고 있는 성향을 의미한다(그림 4.7).

손의 영역과 입의 영역 사이에도 미리 존재했던 교차활성이 있다. 손의 영역과 입의 영역은 뇌의 펜필드 운동 지도에서 서로 인접해 있다(그림 1.6). 다윈의 예로 설명할 수 있다. 그는 사람들이 가위를 가지고 무엇인가를 자를 때 손가락의 움직임을 모방하듯이 무의식적으로 입을 벌렸다 다물었다 하는 것에 주목했다. 나는 이런 현상을 연합운동synkinesia이라고 부른다. 손과 입의 영역이 서로 바로 옆에 있으면서 손짓으로부터 발성(예를 들어 'little' 'diminutive' 'teeny weeny'에 대한 입의 제스처)에 이르는 신호의 일부가 유출되기 때문이다.

비구두적 의사전달 시스템은 우리의 선조들이 사냥을 할 때 큰 소리를 지르지 못하는 상황에서 중요했을 것이다. 우리는 또한 우뇌반구가 앞띠이랑과 함께 후두에서 나는 감정적 발성을 만들어내는 것으로 알고 있다. 이런 발성을 몸짓의 입, 입술 그리고 혀의 움직임으로의 이미 존재하던 번역과 결합시켜보자. 그러면 인류 최초의 언어(원시언어)를 얻게 될 것이다. 따라서 우리는 적절한 3가지를 얻게 된다. 첫째, 손으로부터 입. 둘째, 브로카영역의 입으로부터 방추회의 시각적 겉모습과 청각피질의 소리 윤곽. 셋째, 청각에서 시각(booba/kiki 효과). 이들이 함께 작용을 하면 이들은 공감각적 자발 효과(원시언어의 출현에 정점을 이룬 상태)를 갖게 된다(그림 4.7).

이것으로 모든 게 다 좋다고 하더라도 문장론의 계층적 구조를 어떻게 설명할 것인가? 다음의 예를 들어보자. '내가 그의 부인과 부정을 저지른 것을 그가 안다는 것을 내가 안다는 사실을 그가 안다.' 또는 '그녀가 싫어한 그 소녀에게 키스한 소년을 그녀가 때렸다.' 언어 속에 박혀 있는 이런 계층적 형태가 어떻게 가능했을까? 부분적으로는 추상화에 관여하는 TPO 연결점 부위의 의미체계에서 나오는 것으로 간주된다. 나는 이미 어떻게 추상화가 진화되어 왔는지에 대해 설명한 바 있다. 추상화 및 의미체계가 문장구성의 구조 내로 공급되어 추상화의 진화를 이끄는 데 어떤 역할을 할 가능성이 있다.

그러나 부분적으로는 문장구성의 계층적 '트리' 구조는 도구를 사용함으로 인해 진화되었을지도 모른다. 초기 인류는 특히 하위 조립 기술로 알려진 도구 사용에 능숙했다. 예를 들어보자. 일단계로 하나의 돌조각을 가지고 물건의 머리를 만든다. 다음에 손잡이가 될 자루를 단다. 마지막으로 만들어진 전체의 것을 도구나 무기로 사용한다. 이런 기능과 긴 문장에 명사절을 끼워넣는 것 사이에는 조작상의 밀접한 유사성이 있다. 따라서 아마도 손의 영역에서

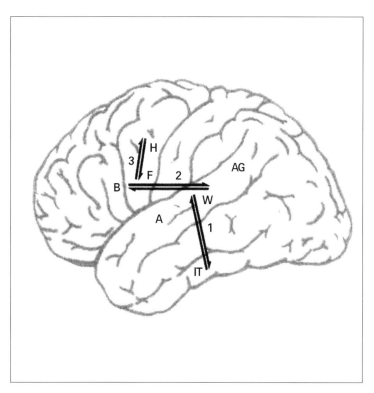

그림 4.7 언어 기원에 대한 새로운 공감각 자발 이론. 화살표는 공감각과 관련하여 우리가 주장한 방추회의 교차 범위 재지도화(remapping)를 나타낸다. (1)시각적 물체의 모양(IT와 다른 시각중추에서 나타나는 것처럼)과 청각피질에서 나타나는 소리의 윤곽(booba/kiki의 예에서처럼) 사이의 비자의적, 공감각적 조화. 그런 공감각적 조화는 직접적 교차활성 또는 상호감각전환에 관여된 것으로 오랫동안 알려진 모이랑에 의해 조정되는 교차활성 중 하나에 근간을 둘 수 있다. (2)소리의 윤곽과 브로카영역(아마도 거울뉴런에 의해 조절되는) 내부 또는 그 근처에 있는 운동신경 지도 사이의 교차 범위 지도화(아마도 궁상섬유속(arcuate fasciculus)과 관련 있는). (3)손짓과 혀 사이의 연결에 의해 야기되는 운동신경 대 운동신경 지도화(연합운동), 펜필드 운동 호문쿨루스에서 입술과 입의 움직임은 연합적으로 엄지와 검지를 대치시켜 작은 집게의 제스처를 모방한다.

원래 도구를 사용하기 위해 진화된 것이 지금은 다른 용도로 사용되고, 계층적 끼워넣기와 같은 문장 구조적 측면에 사용되도록 브로카영역에서 적응되었을 것이다.

이런 영향들 각각은 하나의 작은 경향이지만 공동으로 작용하여 세련된 언어의 탄생을 위한 길을 만들 것이다. 이런 것은 언어가 의사소통이라는 유일한 목적을 위해 단계적으로 진화된 특이적 적응이라고 한 스티븐 핑커의 생각과는 매우 다른 것이다. 대신 나는 이에 대해 다음과 같이 제안하고자 한다. 나중에는 우리가 언어라고 부르는 메커니즘으로 융화되어 갔으나 처음에는 다른 목적을 위해 진화된 많은 메커니즘들이 우연히 상승작용을 일으켜 결합된 형태가 언어다. 이런 것은 진화에서 종종 나타나지만 이런 형태의 생각은 신경학과 심리학에는 아직 보급되지 않았다. 도브잔스키 Dobzhansky가 예전에 말한 것처럼 생물학에서 진화론적인 관점을 배제한다면 어떤 것도 이해하기 어렵다는 사실에도 불구하고 신경학자들이 설명 도구로 진화론적인 관점을 간과하는 사실이 잘 납득되지 않는다.[11]

나의 마지막 요점은 2장에서 언급한 거울뉴런에 대한 것이다. 거울뉴런은 두정엽과 전두엽에 있는 세포들로 여러분이 손을 움직일 때뿐 아니라 다른 사람이 그들의 손을 움직이는 것을 여러분이 볼 때에도 자극받는다. 유사한 신경세포가 구강안면운동을 위해 존재한다. 이 신경세포는 여러분이 여러분의 혀와 입술을 직접 본 경험이 없을지라도 여러분이 혀를 끝까지 내밀거나 입술을 오므릴 때뿐 아니라 다른 사람이 그렇게 하는 것을 볼 때 자극받는다. 이 신경세포는 (1)발성·발음에 관여하는 근육에 보내는 매우 특이적인 의지적 운동 명령 순서와, (2)구강근육의 감지장치에서 느껴지는 입술과 혀의 위치(자기수용), (3)다른 사람의 입술과 혀의 형상, (4)들리는 음운 사이에 조화를 이루어야만 한다. 이런 능력은 부분적으로는 타고난다. 만약 여러분이 갓 태어난 아기에게 혀를 쭉 빼내어 보이면 아기는 그것을 따라한다. 그러나 음운의 소리, 입술과 혀의 모양 및 독순술에 요구되는 느껴지는 입술과 혀의 위치 사이의 복잡한 조화는 유년시절이 되어야 획득할 수 있을 것이다. 이들 신경세포는 보이는 발성을 흉내내고 들리는 소리와 일치시킴으로써 공유되는 어휘를 개발하는 데 중요한 역할을 해왔을 것으로 여겨진다.

실례로 영어를 사용하는 한 정상인이 내가 조용히 Rrrrr 또는 Lllll이라는 음절을 발음하고 있는 것을 보고 있다고 생각해보자. 그는 독순술을 할 수 있으며, 내가 내고 있는 소리가 어떤 것인지 정확히 추론할 수 있다. 이 경우 거울뉴런을 이용할 것이다. 그러나 최근 어른이 되어서 영어를 배운 한 중국인에게 이것을 시도해본 결과 위와 같은 판단을 내리는 데 상당한 어려움을 느꼈다. 아마도 그 사람에게서는 이런 특별한 구별을 하는 데 필요한 거울뉴런이 발달되지 않았기 때문일 것이다.

천사와 유인원 사이에서

이 장에서 우리는 한 세기 동안 알려져 왔으나 단지 하나의 호기심으로만 취급되었던 이상 장애인 '공감각'에서 출발했다. 이제 우리는 그 현상이 실제임을 보았고, 그것의 근간이 되는 뇌의 메커니즘이 무엇인가를 지적하였으며, 그것이 가지고 있는 여러 가지 함축적 내용들을 설명했다. (어느 날 우리가 충분히 큰 집단을 발견할 수 있다면 그 유전자를 복제할 수 있을지도 모른다. 나는 최근에 공감각자들의 섬이 있다는 소문을 들었다!) 그 다음에 우리는 관련 유전자가 방추회에서 발현되면 하위 공감각자가 되고, 모이랑에서 발현되면 상위 공감각자가 된다는 것을 언급했다. 이 유전자가 모든 곳에서 발현된다면 여러분은 예술가 형질을 갖게 된다! 5의 배열 중에서 2의 배열이 튀어나와 보이는 효과와 같이 측정 가능한 지각정신물리학의 일부를 배웠다. 우리는 아마도 추상적 생각, 은유, 셰익스피어 및 심지어 언어의 진화처럼 알기 힘든 현상에 접근할 수 있을 것이다. 이 모든 것이 공감각이라고 부르는 하나의 작은 영역을 연구함으로써 가능하다.

그래서 나는 19세기에 토머스 헨리 헉슬리가 말한 것에 전적으로 동의하는 바이다. 다시 말해 윌버포스Wilberforce 주교와 벤저민 디즈레일리Benjamin Disraeli의 견해와 반대로 우리는 천사가 아니고 단지 지적인 유인원일 뿐이다. 그러나 우리는 그렇게 느끼지 않는다. 우리는 영원히 초월적인 것을 갈망하면서 우리의 날개를 펴고

날아가기를 시도하는, 괴물 몸속에 갇힌 천사처럼 느낀다. 여러분이 이에 대해 생각한다면 실제로 매우 이상한 상황에 빠지게 될 것이다.

이제 우리의 연희는 끝난다. 우리의 배우들이여,
내가 여러분에게 예언했듯이, 모든 영혼은
공기, 희박한 공기 속으로 녹아내린다……
우리는 그러한 존재이다
꿈이 만들어질 때,
우리의 작은 생명은
잠에 빠져든다.

5

뇌과학 – 마음의 비밀을 푸는
21세기의 철학

> 모든 철학은 이전에 논의되었던 것을 다시 꺼내고
> 부활시켜 되씹어본 다음 다시 뒤섞는 과정이다.
> -V. S. 라마찬드란

정신질환에 대한 신경학적 접근

지금까지 이 책의 주제는 신경계 질환을 앓는 환자들에 대한 연구가 의료신경학의 범위를 벗어나 인문학이나 철학, 심지어 미학과 예술 분야에 주는 함축적 의미에 관한 것이었다. 이 마지막 장에서는 이전 주제에 관한 이야기를 계속 진전시킬 것이며, 더불어 정신병에 관한 이야기를 시작하고자 한다. 신경학과 정신의학의 경계는 점점 더 희미해지고 있다. 곧 정신의학은 신경학의 한 분야로 흡수될 것이다. 나는 또한 자유의지나 자아의 본성과 같은 몇 가지 철학적인 문제를 다루고자 한다.

정신질환을 다루는 접근법에는 오래 전부터 사용한 두 가지 방법이 있다. 먼저 화학적 불균형, 뇌 속의 전달물질과 수용체의 변화를 검사한 다음 약물로 치료하는 방법이다. 이와 같은 접근방식은 정신의학에 대변혁을 일으켰고, 엄청난 성공을 거두었다. 한때 구속복을 입었거나 정신병원에 감금되었던 환자들은 이제는 정상인에 가까운 삶을 살고 있다. 다른 한 가지 방법은 소위 프로이트식 접근법이다. 대부분의 정신병이 어린 시절 성장과정에서 비롯된다고 가정하는 방법이다. 이제 앞선 두 가지 접근법을 보완할 수 있는, 완전히 다른 새로운 접근방식을 제안하고자 한다.

단지 뇌 속의 일부 전달물질이 변형되었다는 말만으로 정신질환을 이해하기에는 충분하지 않다. 먼저 전달물질 변화가 특이한 증상을 유발하는 방식은 무엇인지, 왜 환자마다 특이한 증상을 보이는지 그리고 그 특이한 증상이 정신병에 따라 다른 이유가 무엇인지를 알아야 한다. 이제부터 이미 알려진 뇌의 기능과 해부학적 구조, 신경구조에 대한 지식을 토대로 정신질환에서 나타나는 특이한 증상을 설명하고자 한다. 다윈의 진화론적인 관점에서 보면, 많은 정신질환의 특이한 증상과 장애는 그렇게 이상하거나 특이해 보이지 않는다. 나는 정신의학을 진화론적인 관점에서 다루는 분야를 진화신경정신의학evolutionary neuro-psychiatry이라고 부른다.

히스테리는 심리적 문제가 아니라 뇌 기능 이상이다

먼저 고전적인 예로 대부분의 사람들이 단순히 정신질환 혹은 심리적인 혼란이라고 생각하는 히스테리를 살펴보자. 여기서 히스테리는 일반적으로 사람들이 소리나 비명을 지른다는 의미가 아니라 엄밀히 의학적인 의미에서다. 엄밀히 의학적인 의미에서, 히스테리 환자들은 갑자기 팔이나 다리에 마비 증상을 느끼거나 혹은 눈앞이 깜깜해지는 경험을 한다. 그러나 그들의 신경계에는 그럴 만한 어떠한 문제도 없다. 뇌를 촬영한 자기공명영상MRI 사진을 보면 뇌가 완전히 정상으로 나타나며, 확인 가능한 어떤 신체적 장애나 손상도 없는 것으로 나타난다. 그래서 히스테리 증상을 처음부터 완전히 심리적인 문제로 여기고 만다.

그러나 최근 양전자방사단층촬영법PET과 기능성자기공명영상법fMRI을 이용한 뇌 영상 연구는 히스테리에 관한 우리의 생각을 완전히 바꿔놓았다. 이제 우리는 PET와 fMRI 사진을 이용하여 환자가 어떤 행동을 하거나 정신적인 활동을 할 때 뇌 속의 어떤 부분이 활성화되고, 비활성화되는지를 알 수 있다. 예를 들면 우리가 암산을 할 때는 일반적으로 왼쪽 모이랑이 활성화된다. 그리고 내가 여러분을 바늘로 찔러서 고통을 주었을 때는 다른 부위가 활성화된다. 따라서 우리는 활성화된 뇌의 특정 영역이 뇌의 특정 기능 조정에 관여한다고 결론을 내릴 수 있다.

여러분이 손가락을 좌우로 움직일 때, 뇌의 두 영역이 활성화되는 것을 PET로 촬영한 사진을 통해 볼 수 있다. 두 영역 가운데 하나를 운동피질이라고 부른다. 운동피질은 여러분의 손가락을 움직이는 데 필요한 근육의 이완과 수축을 적절한 순서로 실행하기 위한 실질적인 명령을 보내는 역할을 한다. 그러나 여러분의 손가락을 움직이는 데 필요한 준비를 명령하는 영역은 전운동피질이라는 운동피질 앞에 위치한 영역이다.

존 마셜John Marshall, 크리스 프리스Chris Frith, 리처드 패코위액 Richard Fackowiak, 피터 핼리건Peter Halligan 등은 히스테리적 마비 현상을 보이는 환자를 대상으로 실험을 했다. 그 환자는 자신의 다리를 움직이려고 할 때, 환자가 절실하게 원하는데도 불구하고, 운동 영역은 활성화되지 않았다. 그가 다리를 움직일 수 없었던 것은 앞띠이랑과 완와전두엽orbito-frontal lobes 영역이 동시에 활성화되기 때문이었다. 앞띠이랑과 완와전두엽 영역이 활성화되면서 그 환자가 다리를 움직이려는 시도를 방해하는 것이다. 이런 주장은 앞띠이랑과 완와전두엽은 뇌 속의 변연계 감정중추와 밀접하게 관련되어 있으며, 히스테리가 마비된 다리를 움직이려는 환자의 노력을 방해하고 있는 정신적 충격에서 비롯된다는 것은 알고 있기 때문에 일리가 있다.

물론 이와 같은 설명으로 히스테리가 발생하는 이유를 정확하게 설명할 수는 없다. 그러나 지금 우리는 적어도 이 문제의 답을 어디서 찾아야 하는지는 알고 있는 셈이다. 미래에는 꾀병을 부리는 사람이나 보험금을 타내려는 사기범과 실제 히스테리 환자를 구분하는 데 뇌 촬영법을 이용할 수 있을지도 모른다. 그리고 실제로 뇌 촬영법을 통해 프로이트가 연구한 바 있는, 가장 오래된 정신적 장애에 특별하고 확인 가능한 기질적인 원인이 있음이 입증되고 있다(실제로 중요한 대조군이 실험에서 빠져 있다. 아직까지 그 누구도 꾀병을 부리는 사람의 뇌를 촬영한 바 없다).

자유의지는 뇌가 만들어낸 환상이다

우리는 히스테리를 자유의지의 장애 문제로 생각할 수 있다. 자유의지는 심리학자들과 철학자들이 2,000년 넘게 열중해온 주제다.

수십 년 전에 미국 신경외과의사인 벤저민 리벳Benjamin Libet과 독일 동물생리학자인 한스 코른후버Hans Kornhuber는 지원자들을 대상으로 자유의지에 관한 실험들을 했다. 예를 들어 그들은 실험대상자들에게 10분 이내에 스스로 아무 때나 선택해서 손가락을 움직여보라고 지시하였다. 실험대상자들이 손가락을 움직이려는 의지를 느끼는 순간이 실제로 손가락을 움직이는 순간과 거의 일치했음에도 연구진들은 손가락이 움직이기 0.75초 전에 준비전위 readiness potential라는 뇌전도 전위EEG potential를 측정할 수 있었다.

이 사실은 자유의지에 관심을 두고 있던 철학자들 사이에 커다란 동요를 유발했다. 손가락이 움직이도록 한 것은 여러분의 자유의지라는 주관적인 경험에도 불구하고 뇌전도 전위를 측정하여 뇌 활동을 관찰한 결과는 손가락이 움직이도록 하는 의지를 느끼기 거의 1초 앞서 뇌 활동이 일어난다는 사실을 의미하는 듯하다. 뇌의 명령이 1초 먼저 시작된다면 어떻게 우리의 의지가 원인이 될 수 있겠는가? 명령을 내리는 주체는 뇌이며, 우리의 자유의지는 사후의 합리화 대상일 뿐이거나 단순히 망상에 지나지 않는다. 조수간만을 조절할 수 있다고 생각한 크누트 대왕이나 전 세계를 책임지고 있다고 생각하는 미국 대통령처럼 말이다.

이것 하나만으로는 충분하지만 이 실험에 또 다른 하나의 요소를 추가해보자. 내가 여러분이 손가락을 움직이는 동안 여러분의 뇌전도도를 관찰하고 있다고 생각해보자. 나는 코른후버와 리벳이 한 것처럼 여러분이 손가락을 움직이기 1초 전에 준비전위가 발생하는 것을 관찰할 수 있을 것이다. 그러나 내가 뇌전도도 측정 화면을 여러분 앞에 진열하여 여러분이 자신의 자유의지를 목격할 수 있다고 가정해보자. 추측하건대 자유의지를 이용해서 여러분의 손가락을 움직이려고 할 때마다 화면에는 그보다 1초 앞서 이 사실이 나타날 것이다. 이제 여러분은 어떤 경험을 하게 될까? 논리적으로 3가지 가능성이 있다.

1 여러분은 뇌전도도 측정장치에 의해 통제되고 있으며, 단지 꼭두각시에 불과하고 여러분의 의지는 단지 착각에 불과하다고 느끼면서 갑작스러운 자유의지의 상실을 경험하게 될 것이다. 심지어 이 때문에 외계인이나 이식물질이 자신의 행동을 지배하고 있다고 생각하는

정신분열증 환자와 같은 과대망상을 하게 될 수도 있다.

2 여러분은 그 뇌전도 측정장치가 여러분의 움직임을 정확히 예상할 수 있는, 과학적으로 설명할 수 없는 일종의 예지력을 가지고 있다고 믿기를 바라면서 그 기계는 여러분의 자유의지에 아무런 영향을 주지 못한다고 생각할지도 모른다.

3 여러분은 자유의지에 집착하여 정신적으로 실험에서 나타난 순서를 조작하거나 재배열할지도 모르며, 두 눈으로 직접 확인한 사실을 부인하고 눈앞에 있는 화면에 나타난 신호보다 자유의지가 선행한다고 주장할 수도 있다.

이 단계에서 이것은 '사고실험'일 뿐이다. 사실상 기술적으로 각 시도마다 피드백 뇌전도 신호를 얻기란 어려운 일이다. 그러나 우리는 그와 같은 장애물을 극복하고자 노력하고 있다. 그럼에도 자유의지와 같은 광범위하고 심오한 철학적인 문제와 관련된 실험을 할 수 있다는 사실은 매우 중요하다. 나의 동료인 팻 처치랜드Pat Churchland와 댄 웨그너Dan Wegner, 대니얼 데닛Daniel Dennett은 이 분야에서 위대한 공헌을 하였다.

잠시 '사고실험'은 뒤로 하고, 손가락을 움직이려는 의식적인 의도가 손가락의 움직임과 거의 동시에 일어날지라도 실제로 손가락이 움직이기 1초 전에 뇌에서 반응이 나타남을 암시하는 준비전위를 관찰한 본래 실험으로 돌아가자. 이런 일이 발생하는 이유는 무엇일까? 진화론적인 논리는 무엇일까?

나는 뇌 속의 어느 한 부분에서 발생한 신호가 손가락을 움직이라는 메시지로 뇌 속의 다른 부분으로 전달되는 데 필연적으로 발생하는 신경지연neural delay 현상 때문이라고 생각한다. 신경지연 현상은 인공위성을 이용하여 인터뷰를 할 때 발생하는 소리지연 현상과 유사하다. 자연선택은 주관적인 자유의지를 느끼는 순간을 뇌의 명령 수행이 아니라 실질적인 손가락의 움직임과 일치시키기 위해 계획적으로 지연 현상을 보장해왔다.[1]

이는 역으로 뇌 활동에 동반하는 주관적 자유의지 느낌이 진화론적 목적을 가져야만 함을 의미하기 때문에 중요하다. 만일 그렇지 않다면, 많은 철학자들이 믿고 있는 부수현상설epiphenomenalism 처럼 단순히 그것이 뇌 활동에 동반된다면, 즉 주관적 자유의지 느낌이 우리를 움직이게 한 원인이 아니라 우리가 움직일 때 우리를 따라오는 그림자와 같다면, 그 신호를 지연되도록 하여 우리의 움직임과 동시에 일어나도록 진화한 이유는 무엇일까?

이제 우리는 역설에 빠지고 말았다. 한편으로 실험은 자유의지가 착각일 뿐임을 보여준다. 뇌의 활동이 1초 먼저 일어나기 때문에 자유의지는 뇌 활동의 원인일 수 없다. 다른 한편으로 여기서 발생하는 지연 현상 속에는 어떤 기능이 숨어 있어야 한다. 그렇지 않다면 지연 현상이 진화한 이유가 무엇이겠는가? 그러나 만약 지연 현상의 기능이 있다면 그 기능은 손가락을 움직이는 것 말고 또 무엇일 수 있을까? 양자역학에서 그랬듯이 아마도 인과관계에 대한 우리의 생각을 급진적으로 수정할 필요가 있을 것이다.

다른 형태의 정신질환도 뇌 영상을 통해 접근할 수 있다. 고통을 가하는 실험을 예로 들어보자. 누군가가 바늘에 찔리면 일반적으로 그 사람의 뇌 속의 많은 영역이 활성화되지만, 특히 섬insula과 앞띠이랑도 활성화된다. 전자는 고통을 느끼는 것과 후자는 고통을 싫어하는 것과 관련이 있다. 따라서 섬과 앞띠이랑을 잇는 경로가 단절되면 환자는 고통을 느끼지만 아파하지는 않는다. 우리는 이와 같은 역설적인 현상을 통각마비 증후군이라고 한다. 나는 고통으로부터 쾌락을 얻는 마조히스트나 자해를 즐기는 레슈-나이한 증후군Lesch-Nyhan syndrome 환자의 뇌 영상 사진은 어떨지 궁금하다. 물론 섬은 활성화되겠지만 앞띠이랑도 활성화될까? 혹은 성적인 의미에서의 마조히스트의 경우 측중격핵nucleus accumbens이나 격벽, 시상하부핵과 같이 기쁨과 관련된 영역은 어떨까? 어떤 처리 단계에서 고통과 쾌락이 뒤바뀌는 것일까? (새벽 4시에 냉수 샤워를 즐겨 하는 입스위치의 한 마조히스트가 뇌리를 스친다.)

자신이 죽었다고 생각하는 코타르 증후군

1장에서 이미 뇌에 손상을 입은 환자 가운데 가끔 볼 수 있는 카프그라 망상에 관해 언급한 바 있다. 카프그라 증후군 환자들은 자신이 인지하고 있으며 잘 알고 있는 사람, 예를 들어 어머니를 사기꾼이라고 주장한다.

카프그라 증후군을 이론적으로 설명하자면 사고로 뇌의 시각 영역과 감정중추, 변연계와 편도 사이의 연결고리가 단절되는 것을 말한다(그림 1.3). 따라서 환자가 자신의 어머니를 볼 때 얼굴을 인식하는 뇌 속의 시각 영역은 손상되지 않았기 때문에 그는 그녀가 자신의 어머니처럼 보인다고 말할 수 있다. 그러나 정보를 감정중추로 전달하는 회선이 끊어졌기 때문에 그는 아무런 감정도 느끼지 못한다. 따라서 그는 그녀가 사기꾼이라고 믿고 그녀가 사기꾼임을 합리화시키려고 한다.

이와 같은 이론을 검증할 수는 없을까? 땀을 흘리는 정도를 측정함으로써 시각적 자극 혹은 어떤 자극에 나타나는 인간의 본능적인 수준의 감정 반응을 측정하는 것은 가능하다. 우리 가운데 누구에게서나 흥분되는 물건이나 감정적으로 중요한 것을 볼 때 우리의 뇌 속에서는 시각중추에서 감정중추까지 신경의 활성화가 일어난다. 이때 우리는 운동이나 음식 섭취, 도망가기, 싸움 혹은 성행위 등으로 발생하는 열을 식히듯이 땀을 흘리기 시작한다. 우리는 사람의 피부에 2개의 전극을 부착해서 피부 저항의 변화를 추적함으로써 그와 같은 효과를 측정할 수 있다. 피부 저항이 떨어질 때 우리는 피부전류반응이라고 한다. 친숙하거나 위협적이지 않은 사물이나 사람을 볼 때는 감정적인 각성을 일으키지 않으므로 피부전류반응이 나타나지 않는다. 그러나 여러분이 사자나 호랑이 혹은 어머니를 보게 되면 커다란 피부전류반응이 나타난다. 믿거나 말거나 여러분이 어머니를 볼 때마다 여러분은 식은땀을 흘린다(물론 여러분이 유태인이 아니라 할지라도 말이다).

그러나 우리는 카프그라 증후군 환자들에게는 그와 같은 반응이 나타나지 않는다는 사실을 발견했다. 이는 시각과 감정 사이에 연결고리가 없다는 아이디어를 뒷받침한다.

자신이 죽었다고 주장하는 코타르 증후군Cotard's Syndrome 같은 더욱 특이한 질환도 있다. 나는 시각중추만이 감정중추와 단절된 것이 아니라 모든 감각이 감정중추와 단절되어 있다는 점만 제외하면 코타르 증후군은 카프그라 증후군과 유사하다고 주장한다. 따라서 세상의 모든 것들이 감정적으로 중요성을 갖지 못한다. 어떤 대상이나 사람도, 그 어떤 촉각이나 소리도 감정적인 영향을 주지 못한다. 환자가 그와 같은 완전한 감정적인 고립을 해석할 수 있는 유일한 방법은 자신이 죽었다고 믿는 것이다. 너무 황당무계하다 하더라도 그것이 그 환자가 이해할 수 있는 유일한 설명 방법이다. 환자 자신의 감정을 수용하기 위해 이성이 왜곡되는 것이다. 이와 같은 생각이 옳다면 어떤 자극을 가하든 코타르 환자는 아무런 피부전류반응을 보이지 않을 것으로 예상된다.

코타르 환자의 망상은 매우 저항적이다. 예를 들어 누구나 죽은 사람은 피를 흘릴 수 없다는 데 동의할 것이다. 그러나 코타르 환자를 바늘로 찌를 경우 그 환자는 놀라움을 표하며 자신의 망상을 포기하고 자신이 살아 있다고 생각하지 않고 결국 죽은 사람도 피를 흘린다고 결론을 내릴 것이다. 일단 망상적인 집착이 발전하면 모든 반대 증거들은 그것들을 수용하기 위해서 왜곡된다. 코타르 환자의 경우 이성이 감정을 지배하는 것이 아니라 감정이 이성을 지배하는 듯 보인다. (물론 우리들 대부분도 약간씩은 그와 같은 성향을 지니고 있는 것이 사실이다. 나는 13이라는 숫자가 불행을 의미한다고 믿거나 사다리 아래로는 걸어가지 않으려 하는 합리적이고 총명한 사람들을 많이 알고 있다.)

세상은(또는 나는)존재하지 않는다

카프그라 증후군과 코타르 증후군은 흔한 질병은 아니다. 그러나 임상실험에서 좀더 흔히 볼 수 있는 일종의 미니 코타르 증후군이라는 또 다른 질병이 있다. 이 병은 심각한 불안과 공황 엄습, 우울증과 그 외 정신분열 상태에서 발견된다. 이 병을 앓는 환자에게는 갑자기 세상이 꿈처럼 완전히 비현실적으로 보이고 자신이 좀비 같은 느낌이 든다.

나는 그런 감정이 카프그라 증후군과 코타르 증후군에서 나타나는 회로 오류와 관련이 있다고 믿는다. '주머니쥐처럼 죽은 체하기'라는 말이 있듯, 주머니쥐는 천적에게 쫓기고 있을 때 갑자기 모든 근육을 이완시키고 죽은 척한다. 주머니쥐 입장에서는 좋은 전략이다. 미세한 움직임도 천적의 포식 활동을 자극할 뿐이며, 일반적으로 육식동물들은 감염의 우려 때문에 죽은 짐승의 고기는 먹지 않기 때문이다. 나는 마틴 로스Martin Roth와 모리치오 시에라

Mauricio Sierra, 게르만 베리오스German Berrios의 선구적인 역할에 따라 비현실감derealization과 이인증depersonalization, 그 외 정신분열 상태가 감정적인 형태의 주머니쥐처럼 행동하기의 예이며, 주머니쥐처럼 행동하는 것은 일종의 진화론적인 적응 메커니즘이라고 생각한다.

우리가 잘 알고 있는 사자의 공격을 받은 탐험가 데이비드 리빙스턴David Livingstone의 이야기를 예로 들어보자. 데이비드는 자신의 팔이 사자의 공격을 받았지만 어떤 아픔도 심지어 두려움도 느끼지 않았다. 그는 마치 멀리서 이 사건을 지켜보고 있는 제3자처럼 그 사건에서 완전히 분리된 것처럼 느꼈다. 똑같은 일이 전투 중인 군인이나 성폭행을 당하는 여자에게서도 일어날 수 있다.

이와 같은 끔찍한 긴급 상황에서는 전두엽의 앞띠이랑 영역이 완전히 활성화된다. 앞띠이랑 영역의 활성화는 편도와 그 외 변연계의 감정중추를 억제하거나 일시적으로 차단하고 걱정이나 두려움과 같이 잠재적으로 무기력한 감정을 일시적으로 억누른다. 그러나 이와 동시에 앞으로 필요하게 될지도 모르는 어떤 적절한 방어적 반응을 준비하기 위해 극단적인 경고와 경계를 형성한다.

긴급 상황에서 고도로 경계하면서 감정을 차단하는 이러한 제임스 본드식 조합은 우리가 해로운 방향으로 가는 것을 막아준다는 점에서 유용하다. 일종의 돌발 행동을 하는 것보다 아무것도 하지 않는 것이 더 낫다. 그러나 어떤 긴급 상황도 아닌데 우연하게도 화학적 불균형이나 뇌 질환으로 똑같은 메커니즘이 촉발된다면 어떻게 될까? 그는 고도의 경계 상태로 세상을 바라보지만 그 세상은 어떠한 감정적인 의미도 주지 않는다. 왜냐하면 그의 변연계가 차단되었기 때문이다. 이렇듯 낯선 곤경 상태와 역설적인 정신 상태를 해석할 수 있는 두 가지 방식이 있다. 하나는 세상은 존재하지 않는다는 비현실감이고, 다른 하나는 내가 존재하지 않는다는 이인증이다.

같은 뇌 영역에서 발생하는 간질 증상 또한 비현실감과 이인증 같은 꿈같은 상태를 만들 수 있다. 흥미롭게도 우리는 비현실감을 겪고 있는 동안 그 무엇에도 피부전류반응을 보이지 않는다는 사실을 알고 있다. 비현실감을 겪고 난 뒤에야 피부전류반응이 정상으로 돌아온다. 이런 모든 사례들이 우리가 주장하고 있는 가설을 뒷받침한다.

정신분열증은 어떻게 생기는가

일반적으로 '미쳤다'는 말과 가장 관련이 있는 질병은 아마도 정신분열증일 것이다. 정신분열증 환자들은 매우 특이한 증상을 나타낸다. 그들은 환청·환각을 경험한다. 그리고 자신이 나폴레옹이나 조지 부시라는 망상에 빠져든다. 또한 그들은 정부가 자신의 생각과 행동을 감시하기 위해 자신의 뇌에 장치를 이식했다거나 혹은 외계인이 자신을 조종하고 있다고 믿는다.

정신약리학은 정신분열증을 다루는 우리의 능력에 혁명을 가져다주었지만 한 가지 의문이 남는다. 정신분열증 환자들이 보이는 행동의 이유는 무엇일까? 나는 동료들과 함께 연구한 우뇌반구 손상으로 나타나는 질병인식불능증anosognosia에 대한 결과와 크리스 프리스와 사라 블레이크모어Sarah Blakemore, 팀 크로Tim Crow의 뛰어난 견해를 바탕으로 정신분열증 환자의 행동을 설명하고자 한다. 그들의 견해는 정신분열증 환자들이 정상인들과는 다르게 그들 자신의 내적으로 만들어진 이미지와 외부에 존재하는 실물로부터 유발된 생각과 지각 사이의 차이를 구별할 수 없다는 것이다.

만약 내가 앞에 어릿광대가 서 있다고 상상한다 해도 나는 그것을 현실과 혼동하지 않는다. 나의 뇌가 내가 내린 내부 명령에 접근할 수 있기 때문이다. 나는 어릿광대를 시각화하기를 기대하고, 바로 그것이 내가 보는 것이다. 그것은 환각이 아니다. 그러나 이 일을 담당하는 뇌 속의 '기대' 메커니즘에 오류가 있다면, 나는 내가 상상하고 있는 어릿광대와 내가 실제로 보고 있는 어릿광대를 구분하지 못할 것이다. 즉 어릿광대가 실제로 존재한다고 믿을 것이다. 나는 환각에 빠질 것이고, 환상과 진실을 구분할 수 없게 될 것이다.

마찬가지로 순간적으로 '나폴레옹이 되면 좋겠지'라는 생각을 즐길 수도 있다. 그러나 정신분열증 환자에게는 그와 같은 순간적인 생각이 현실에 의해 거부되지 않고 완전한 망상이 된다.

예를 들어 외계인에 의해 조정당하고 있다는 정신분열증 환자의 증상은 어떤가? 정상인은 자신의 자유의지에 따라 행동하며 자신의 뇌가 움직이라고 명령했다는 사실을 알고 있다. 의도를 모니터하고 실행과 비교하는 메커니즘에 결함이 있다면, 편집증적인 정신분열증 환자가 주장하듯, 신체의 움직임이 외계인이나 이식물질에 의해 조정된다는 괴이한 해석이 가능해진다.

여러분은 이와 같은 이론을 어떻게 검증할까? 여기에 여러분이 시도해볼 만한 실험이 있다. 여러분의 왼쪽 집게손가락을 고정된 상태로 유지하면서 오른쪽 집게손가락으로 왼쪽 집게손가락을 계속 두드려보라. 두드림을 오른쪽 손가락은 작게 느끼고 왼쪽 손가락은 크게 느낄 것이다. 이것은 뇌가 움직이라는 명령을 좌뇌반구로부터 오른손에 내리기 때문이다. 그 명령은 뇌의 감각 영역에 오른손에 약간의 촉각 신호를 예측하도록 경고한 것이었다. 그러나 여러분의 왼손은 완전히 고정된 상태다. 따라서 손가락을 두드리면 놀라게 된다. 이와 같은 이유로 양쪽 집게손가락에 부여되는 촉각이 정확하게 같다고 하더라도 움직이지 않는 왼쪽 집게손가락에서 더 많은 느낌을 받는다(고정되는 손을 바꾸면 그 결과도 반대가 된다는 것을 발견하게 될 것이다).

우리의 이론에 따르면, 정신분열증 환자가 이와 같은 실험을 받는다면 그는 양 손가락에서 똑같은 감각을 느낄 것이다. 내적으로 발생된 행동과 외적으로 발생된 자극을 구분할 수 없기 때문이다. 아무도 시도한 적이 없지만 5분이면 실험할 수 있다.[2]

아니면 여러분 앞의 텅 빈 흰 화면에 바나나를 시각화하고 있다고 생각해보자. 여러분이 바나나를 시각화하는 있는 동안 내가 몰래 흰 화면에 매우 낮은 조도로 바나나의 물체 상을 비춘다면 이 실제 바나나를 탐지하기 위한 여러분의 역(閾, 자극에 대해 반응하기 시작하는 분계점)은 높아질 것이다. 아마도 여러분의 정상적인 뇌는 매우 흐릿하게 보이는 실제 바나나와 여러분이 상상하고 있는 바나나 사이에서 혼란에 빠질지 모른다. 이와 같이 놀라운 결과를 '퍼키 효과Perky effect'라 하는데, 우리는 정신분열증 환자에게서는 이 퍼키 효과가 엄청나게 확대될 것이라고 예측할 수 있다.

아직 시도된 바 없는 또 하나의 간단한 실험이 있다. 여러분도 알다시피 여러분은 자신을 간지럽게 만들 수 없다. 뇌가 여러분이 그 명령을 보내고 있다는 사실을 알기 때문이다. 나는 정신분열증 환자는 자신을 간질이면 웃을 것이라고 예측한다.

의식의 양면 – 퀄리아와 자아

정신질환자들의 행동이 이상해 보일지라도, 우리는 이제 기본적인 뇌의 메커니즘에 대한 지식을 이용해서 그 증상들을 이해하기 시작했다. 정신질환은 의식과 자아의 장애라고 할 수 있다. 의식에 대한 나의 견해를 요약해보자. 우선 두 가지 문제가 있다. 하나는 주관적 감각, 곧 퀄리아qualia의 문제며 다른 하나는 자아의 문제다. 여기서 퀄리아의 문제가 더 어렵다.

퀄리아의 문제란 "우리 뇌의 수많은 젤리 같은 뉴런들에서 일어나는 이온의 흐름만으로 어떻게 붉은색으로부터 붉음, 마마이트나 파니르 티카 마살라 혹은 와인의 향을 인지하는 것일까?"이다.[3] 물질과 정신은 완전히 다른 것처럼 보인다. 따라서 딜레마에서 벗어나는 한 가지 방법은 세상을 묘사하는 두 가지 다른 방법으로 각각이 그 자체로 완전하다고 간주하는 것이다. 우리가 빛은 입자나 파동으로 이루어져 있다고 설명할 수 있는 것처럼 말이다. 두 가지 모두 사실이기 때문에 심지어 두 가지가 완전하게 다르다 할지라도 어떤 설명이 옳은지 질문할 필요가 없다. 마찬가지로 뇌 속에서 일어나는 정신적인 활동이나 육체적인 활동에 대해서도 똑같이 말할 수 있을 것이다.

그러나 모든 사람들이 흥미를 가지고 있지만 과학에서 최후의 가장 큰 미스터리로 남아 있는 자아의 경우는 어떨까? 자아와 퀄리아는 동전의 양면과 같다. 여러분은 자신이 경험하지 못한 것을 자유롭게 느끼는 감각이나 퀄리아를 가질 수 없으며, 감각적 경험이나 기억, 감정이 완전히 결여된 자아를 가질 수 없다(코타르 증후군에서 살펴본 바와 같이 감각과 지각에서 감정적인 중요성과 의미가 결여되면 그 결과는 자아 분열로 나타난다).

자아의 정확한 의미는 무엇일까? 자아의 특성을 반영한 5가지 정의가 있다.

먼저, 연속성으로 과거와 현재 그리고 미래로 이어지는 감정을 동반하며 우리의 전체 경험을 모아놓은 실타래에 이어지는 실과 같은 연속적인 감각을 말한다.

둘째, 자아의 일체성 혹은 일관성이다. 감각적 경험, 기억, 신념과 사고의 다양성에도 불구하고 우리 각자는 한 인간으로서, 통일체로서 우리 스스로를 경험한다.

셋째, 구체적 감각 혹은 주인의식이다. 우리 자신이 신체에 고정되어 있다고 느끼는 것이다.

넷째, 우리 자신의 행동과 운명을 맡고 있는 자유의지다. 자신의 손가락을 움직일 수는 있지만 코나 타인의 손가락을 움직일 수는 없다.

다섯째, 가장 하기 어려운 정의로 자아는 그 본성상 반성할 수 있다는 것, 즉 스스로를 인식할 수 있다는 것이다. 스스로를 인식할 수 없는 자아란 어법상 모순이다.

이 같은 자아의 여러 다른 측면 가운데 어떤 한 가지 혹은 전체가 차별적으로 손상을 받아 뇌 질환으로 나타날 수 있다. 따라서 나는 자아가 하나가 아닌 여러 가지 요소로 구성되어 있다고 믿는다. 우리는 '사랑'이나 '행복'이라는 말처럼 서로 다른 여러 가지 현상을 하나로 묶기 위해 '자아'라는 한 단어를 사용한다. 예를 들어 여러분이 의식을 가지고 있으며 깨어 있는 상태에서 여러분의 두정엽 피질에 전기적 자극을 가한다면 여러분은 순간적으로 천장으로 부상하는 느낌을 받을 것이며, 위에서 자신의 신체를 내려다보고 있는 것처럼 여길 것이다. 즉 여러분은 육체 이탈 경험을 할 것이다. 자아의 공리적인 기반 가운데 하나인 자아의 구체성이 일시적으로 무너진다.[4] 그리고 위에 열거한 자아의 다른 측면에서도 마찬가지 일이 발생한다. 각각의 측면이 선택적으로 뇌 질환에 영향을 미칠 수 있다.

신경과학으로 자아의 문제를 해결할 수 있는 3가지 길이 있다.

첫째, 자아와 관련된 문제는 단지 경험적인 문제일지 모른다. DNA 염기쌍으로 유전이라는 수수께끼를 풀었듯이 아르키메데스의 유레카와 같은 명쾌한 해답이 존재할지도 모른다. 그런 해답이 존재할 것 같지는 않지만 나의 생각이 틀린 것일 수도 있다.

둘째, 자아가 앞에서 살펴본 구체성, 자유의지, 일체성, 연속성과 같은 일련의 특징으로 정의된다면 이런 각각의 특징을 뇌 속에서 일어나는 일과 관련지어 설명할 수 있을지도 모른다. 이렇게 되면 과학자가 생기生氣에 관해서 논하지 않거나 '생명'이 무엇인지 묻지 않듯이, 자아가 무엇인가 하는 문제는 사라지거나 적어도 뒤로 물러날 것이다(우리는 생명이 DNA 복제와 전사, 크렙스 회로, 젖산 회로 등의 일련의 과정들에 느슨하게 적용되는 단어라는 것을 알고 있다).

셋째, 자아의 문제에 관한 해답은 경험적인 것이 아닐지도 모른다. 대신에 아인슈타인이 사물이 자의적인 속도로 이동할 수 있다는 가정을 거절할 때 했던 것과 같은 급진적인 사고의 전환이 필요할지 모른다. 우리는 그런 사고의 전환을 달성했을 때 크게 놀라며 그 해답은 줄곧 우리 자신에게 있었음을 발견하게 될 것이다. 나의 주장이 뉴에이지 지도자의 말처럼 들릴지 모르지만, 나의 생각과, 자아와 그 밖의 것 사이에 본질적인 차이가 없다거나 자아는 환영이라는 식의 힌두 철학 사이에는 평행선이 존재한다.

물론, 나도 자아 문제의 해답이 무엇인지, 어떤 사고의 전환이 필요한지에 대해 실마리를 갖고 있지 않다. 그런 해답을 찾았다면 오늘 단숨에 〈네이처〉에 논문을 투고했을 것이며 하루아침에 세계에서 가장 유명한 생존 과학자가 될 것이다. 그러나 나는 재미삼아 해답일 가능성이 있는 것들을 설명해보고자 한다.

퀄리아와 메타표현

먼저 퀄리아부터 시작해보자. 퀄리아는 특정한 생물학적 기능을 수행하기 위해 진화해야만 했으며, 신경 활동의 부산물, 즉 단순한 부수현상일 수 없다는 사실은 명백한 듯하다. 나는 《라마찬드란 박사의 두뇌실험실》에서 퀄리아가 부족한 감각 표현은 그 감각 표현이 뇌 속에 있는 상위 중추로 전달될 때 효과적으로 처리 가능한 덩어리로 암호화하거나 준비하는 과정에서 퀄리아를 필요로 할 수 있다고 주장했다. 그 결과는 새로운 계산 목적을 감당하는 더 고차원적인 표현이다. 이 제2의 고차원적 표현을 메타표현 metarepresentation이라고 하자(사실 나는 '메타' 라는 접두어가 사회과학자 사이에서 애매한 사고를 위장하기 위해 종종 동원되기 때문에 이 단어를 사용하는 것이 내키지는 않는다). 우리는 메타표현을 1차 뇌에서 수행되고 있는 자동적인 과정을 더욱 경제적으로 설명하기 위해 우리 인간에게서 진화한 2차 '기생' 뇌 혹은 적어도 일련의 과정이라고 생각할 수 있다.

역설적으로 이런 생각은 퀼리아로 가득 찬 영화 화면을 보고 있는 뇌 속에 사는 소인에 대한 개념인 소위 호문쿨루스 오류가 실제로는 오류가 아니라는 것을 내포하고 있다. 사실상, 내가 말하고 있는 메타표현은 철학자들이 그 정체를 폭로하며 대단히 기뻐하는 호문쿨루스와 유사한 요소를 담고 있다. 나는 호문쿨루스가 단순히 메타표현 그 자체이거나 메타표현을 생성하는 진화 과정에서 뒤에 나타난 또 하나의 뇌 구조이며, 우리 인간에게만 고유하거나 '침푼쿨루스chimpunculus' 보다는 훨씬 더 복잡할 것이라고 주장한다. 〔그러나 호문쿨루스가 새로운 단일 구조일 필요는 없으며, 분포 네트워크에 관여하는 일련의 신기한 기능일 수도 있음을 기억하자. 이와 유사한 아이디어를 데이비드 달링David Darling, 데릭 비커턴Derek Bickerton, 마빈 민스키Marvin Minsky 등 많은 학자들이 내비친 바 있다. 내가 여기서 고려하는 것과는 다른 이유에서였지만.〕

그러나 그런 메타표현을 창조하는 목적이 무엇일까? 분명 아무런 목적도 없이 1차 뇌를 복사 혹은 복제한 것일 수는 없다. 1차 표현과 마찬가지로 2차 표현은 순서대로 상징('사고')을 내부적으로 조작하거나 1차원 사운드 흐름('언어')을 통해 다른 사람과 아이디어를 나누기 위해 연속적인 계산 양식을 만족시키는 암호를 창조하기 위해서 1차 표현의 특정 요소를 강조하는 역할을 한다. 여러분이 (4장에서 논의된) 추상을 연속적인 상징과 결합할 수 있다면 우리 인간의 대표적인 특징인 '사고'를 할 수 있는 것이다.

진화가 일단 이 선을 넘자 뇌는 칼 포퍼Karl Popper가 '추측'이라 부른 것을 생성할 수 있게 되었다. 즉 뇌는 무슨 일이 발생하는지 알아보기 위해 시험적으로 새로운, 심지어 불합리한 암호를 병치시키는 시도를 할 수 있었다. 원숭이가 조금 전에 본 말의 시각적 이미지를 상상할 수 있을지가 하나의 논쟁점이지만 원숭이는 인간이 손쉽게 할 수 있는 일, 예를 들어 뿔이 달린 말을 시각화하거나 날개가 달린 소를 상상할 수 있을 것 같지는 않아 보인다.

이런 아이디어는 매우 흥미로운 질문을 던진다. 퀄리아와 자아인식은 인간에게만 존재하는 것일까? 아니면 다른 유인원에게도 존재하는 것일까? 그리고 유인원은 어느 정도나 언어에 의존할까? 야생 사바나원숭이는 적에 따라 다른 소리로 동료들에게 경고한다. '나무 뱀'이라는 신호는 땅바닥으로 내려가라는 메시지를 전달할 것이며, '땅 표범'이라는 신호는 나무 위로 올라가라는 메시지를 전달할 것이다. 그러나 신호를 보내는 사바나원숭이는 다른 원숭이에게 경고를 보내고 있다는 사실을 알지 못한다. 그 이유는 우리가 앞서 살펴보았듯이, 사바나원숭이에게는 아마도 뱀이나 표범에 대한 초기 감각적 표현의 표현, 곧 메타표현을 낳기 위해서는 뇌의 또 다른 영역(아마도 언어의 측면과 관련된)을 필요로 하는 내적인 의식introspective consciousness이 없기 때문일 것이다. 우리는 약한 전기충격으로 돼지가 위험한 동물이라고 원숭이를 교육시킬 수도 있다. 그러나 그 원숭이를 다시 나무 꼭대기로 데려다놓고 돼지가 인접한 가지 위로 올라간다면 무슨 일이 벌어질까? 나는 그 원숭이는 혼란을 겪을 것이며, 다른 원숭이에게 나무 아래로 내려가라는 '뱀' 경고를 보내지 못할 것이라고 생각한다. 오로지 인간만이 퀄리아를 의식할 수 있으며 퀄리아에 필요한 능력, 곧 의지력을 제한할 수 있는 듯하다.

뇌의 어떤 부위가 이런 신기한 형태의 계산과 연관이 있을까? 시험목록에 감정적인 중요성을 측정하는 편도와 왼쪽 TPO 연결점 주위에 위치하고 있는 방추회 및 베르니케영역, '의도'와 관련 있는 앞띠이랑과 같은 구조를 포함시킬 수 있다. 《라마찬드란 박사의 두뇌실험실》에서 언급한 것처럼 측두엽, 특히 왼쪽 측두엽을 선택한 또 하나의 이유는 왼쪽 측두엽이 언어, 특히 의미론적인 언어가 표현되는 곳이기 때문이다. 내가 사과 하나를 보는 것과 거의 동시에 사과에 함축된 모든 의미를 이해할 수 있는 것은 측두엽의 활성화 때문이다. 사과를 과일의 한 형태로 인식하는 것은 하측두피질inferotemporal cortex에서 일어난다. 편도는 웰빙에서 사과의 중요성을 측정하며, 베르니케와 다른 영역은 사과라는 단어가 유발하는 모든 미세한 뉘앙스, 예를 들어 사과는 먹을 수 있으며, 냄새를 맡을 수 있고, 파이를 만들 수 있으며, 속을 제거하고 씨앗을 심을 수 있으며, '의사를 멀리할 수 있으며', 이브를 유혹할 수 있는 등등을 나에게 말해준다. 앞띠이랑은 부분적으로 어떤 함축적 의미가 중심을 차지하느냐와 무엇을 할 것인가 같은 문제를 조절한다. 왼쪽 측두엽에 손상을 입은 환자는 정신이 완전히 깨어 있는 듯하지만 말하고 생각하고 선택하거나 행동하려는 모든 욕망을 잃고 '무동성 무언증akinetic mutism'으로 고통받는다.

자아, 언어, 거짓말

이 모든 것으로부터 생겨나는 한 가지 중요한 문제는 메타표현이 언어 이해/의미 능력의 창발과 어느 정도 연관이 있는가 하는 것이다.[5] 해답을 찾는 한 가지 방법은 좌뇌반구의 언어 영역이 손상되어 발생한 베르니케 언어상실증 환자가 의미 있는 대화를 이해할 수 없거나 참여하지 못하는 경우라고 할지라도 비언어적인 의사소통으로 거짓말을 할 수 있는지 살펴보는 것이다. 우리가 우리의 표현을 명확하게 표현하지 않는 한 우리는 다른 사람에게 그것을 전달하기 전에 그것을 왜곡할 수 없다. 즉 예를 들어 우리는 거짓말을 할 수 없다.[6] (만약 1차 표현 그 자체가 왜곡된다면 우리는 스스로를 속이는 것이고, 거짓말의 목적을 달성하지 못한다. 우리가 거대한 은행 잔고를 갖고 있다고 미래의 배우자에게 거짓말하는 것은 우리의 유전자를 퍼뜨리는 데 도움을 줄지 모른다. 그러나 우리가 실제로 그 거짓말을 믿는다면, 즉 스스로를 기만한다면 우리는 갖고 있지도 않은 돈을 쓰기 시작할 것이다.)

실제로 고의적으로 거짓말하기는 피실험자가 동시에 다른 사람의 마음을 모델링하고 반성적 자의식을 가질 수 있는지 실험하는 리트머스 검사와도 같다. 여기서 피실험자는 침팬지나 유아나 뇌에 손상을 입은 사람이 될 수 있다. 어떤 새들이 포식자가 새끼들에게서 멀리 떨어지도록 유도하기 위해 날개가 부러진 척하기도 한다는 것은 사실이다. 그러나 그 어미 새는 이런 일을 하고 있다는 사실을 깨닫지 못하며 그 표현을 표현하지 못한다. 따라서 그 어미 새는 다른 새로운 상황에서도 유용하게 적용할 수 있는 이런 전략을 열린 태도로 전개할 수 없다. 예를 들어 어미 새는 (훗날 자연선택을 통해 진화할 수 있는 능력일 수도 있겠지만) 배우자에게서 더 많은 관심과 열정을 끌어내기 위해 날개가 부러진 척하지는 못한다.

우뇌반구 손상으로 왼쪽 팔이 마비된 환자가 자신의 마비 증상을 부정하는 질병인식불능증의 경우 고의적으로 거짓말하는 것과 자신을 기만하는 것을 구별하지 못한다(2장 참고). 매우 이상하게도, 내가 질병인식불능증 환자 가운데 한 명에게 왼손으로 나의 코를 만질 수 있는지 물었을 때, 그 환자는 "물론이죠. 그러나 조심하세요. 내가 당신의 눈을 찌르게 될지도 모르니까"라고 말했다. 또 다른 사례로 어느 퇴역 육군 장교에게 "당신의 왼팔을 움직일 수 있습니까?"라고 묻자 그는 "예. 그러나 그러고 싶지 않습니다. 저는 명령에 따르는 데 익숙하지 않습니다"라고 대답했다. 이런 표현은 거기 있는 누군가가 진실을 '알고' 있으며, 반성적 의식이 있는 그 환자들은 알지 못한다 하더라도 누설된다는 것을 의미한다(앞서 언급한 환자들은 너무 지나치게 저항하는 듯하며, 프로이트 심리학을 생각나게 한다). 나는 다시금 이러한 자기 기만 현상의 존재 자체가 거기에 속는 자아가 있어야만 함을 함축한다고 지적하고 싶다. 부수현상과는 달리 자의식은 생존율을 향상시키기 위해 자연선택을 통해 진화했음이 분명하며, 자의식의 통합과 안정성을 보존하는 능력과 필요시 자의식 자체를 속이는 것도 그 속에 포함되어야 한다. 유인원도 '신경질적인 웃음nervous laugh', 부정 혹은 합리화와 같은 프로이트식의 방어메커니즘을 할 수 있을지 매우 의심스럽다.

이 모든 것이 퀄리아와 자아는 한쪽 면이 없으면 다른 한쪽 면도 가질 수 없는 동전의 양면이라는 최초 설명으로 우리를 되돌아가게 만든다. 감각에 대한 메타표현7과 운동 표현을 만들기 위해 특별한 뇌 회로를 사용하는 능력은 성숙된 퀄리아와 자의식 모두 진화하는 데 매우 중요했을지 모른다. 앞서 언급한 것처럼 퀄리아를 경험하는 자의식이 없으면 자유롭게 유동하는 퀄리아를 가지는 것은 불가능하며, 모든 감각이 결여된 채 고립된 자아는 있을 수 없다.

원시적인 감정의 표현과 그것의 메타표현 사이에도 유사한 차이가 있다. 여기서 메타표현이란 그 감정을 반성하고 복잡한 선택(자동적으로 따라 나올 어떤 행동을 취소하는 것까지 포함한)을 가능하게 만드는 것이다. 내가 만약 여러분의 코 주위에 후추를 뿌린다면 여러분은 반사적으로 재채기를 할 것이다. 그러나 왜 이런 명확한 재채기라는 특질quale이 수반되는 것일까? (무릇 반사와는 달리, 이것은 양쪽 하반신 마비 환자에게도 일어난다.) 아이러니하게도 이런 특질은 여러분이 필요로 할 때(예를 들어 게임을 할 때처럼) 자발적으로 재채기를 중단할 수 있도록 할 목적으로 하나의 메타표현으로서 진화했을지 모른다. 나의 관점에 따르면, 고양이는 메타표현을 가지고 있지 않기 때문에 아마도 고양이는 임박한 재채기를 자발적으로 중단시킬 수 없을 것이다. 재채기를 하나의 감정으로 설명하기는 어렵지만 동일한 원리를 더욱 복잡한 인간의 감정에도 적용시킬 수 있을 듯하다. 고양이는 길고 검은 물체가 움직이는 것을 보면 갑자기 달려들기는 하지만 여러분이나 나처럼 쥐를 주시하지는 못한다. 또한 안와전두엽 피질에서 표현되는 사회적 가치와 복잡한 상호작용을 필요로 하는 감정의 메타표현에 기반을 두고 있는 모욕, 오만, 자비, 욕망 혹은 '자기연민의 눈물' 같은 미묘한 감정을 경험할 수 없다. 감정이 계통발생학적으로 오래되고 종종 원시적인 것으로 간주되지만, 인간에게서 감정은 이성만큼이나 복잡한 것이다.

자아의 '일체성' 감각도 논할 만한 가치가 있다. 여러분이 감각적인 인상의 일시적인 흐름 속에 흠뻑 젖어 있다 하더라도 여러분이 '하나'라고 느끼는 이유는 무엇인가? 이것은 매우 미묘한 질문으로, 그 자체 의사문제pseudo-problem로 판명될 수도 있다. 아마도 자아는 그 본질상 일체성으로만 경험되는 것 같다. 실제로 두 개의 자아를 경험하는 일은 논리적으로 불가능하다. 그렇다면 두 개의 자아를 경험하는 것이 무엇인가 혹은 누구인가라는 질문이 곧바로 제기되기 때문이다. 사실 우리는 종종 두 개의 정신세계 속에 있는 것에 대해 이야기하지만 단지 이야기일 뿐이다. 심지어 소위 다중성인격장애를 가진 사람도 동시에 두 가지 인격을 경험하지는 않는다. 각 인격이 번갈아서 나타나며 상호 인격은 기억하지 못한다. 즉 어느 순간이든 중심에 서 있는 자아는 나머지 자아와는 완전히 차단되어 있거나 희미하게 인식할 뿐이다. 심지어 두 개의 반구가 외과적으로 단절된 분할 뇌 환자와 같은 극단적인 상황에서조차 환자는 두 개의 자아를 경험하지 않는다. 나머지 자아의 존재를 지적으로 연역할 수 있을지라도 각 반구의 자아는 그 자체만 인식할 뿐이다.[8]

'자아'와 '타인의 자아'의 소통

또 다른 종류의 '역설'은 자아가 그 정의상 개인적이라 할지라도 자아는 사회적 상호작용으로 풍부해지며, 실제로 사회적인 맥락에서 주로 진화했을지 모른다. 이는 1979년 브라이언 조셉슨Brian Josephson과 내가 조직한 컨퍼런스에서 닉 험프리Nick Humphrey와 호레이스 발로Horace Barlow가 최초로 지적했다.

좀더 이야기를 확장시켜보자. 우리의 뇌는 본질적으로 모델을 만드는 기계와 같다. 우리는 우리가 활동하는 데 유용한 실제 세상의 가상현실 시뮬레이션을 구축하고자 한다. 다른 사람의 행동을 예측하기 위해 가상현실 시뮬레이션을 필요로 한다. 예를 들어 여러분은 다른 사람이 우산으로 여러분을 찌르려는 행동이 의도적인지, 호의적인 상황이라면 반복되어도 바람직한지를 알고자 한다. 게다가 이런 내부 시뮬레이션이 완성되기 위해서는 다른 사람의 정신 모델뿐 아니라 내부 시뮬레이션 자체, 그것의 안정적인 특징, 인격적 특징, 능력의 한계에 대한 모델도 담고 있어야 한다. 이 두 가지 모델링 능력 가운데 하나가 우선 진화하고 나머지 하나가 그 뒤를 이었을 수 있다. 혹은 진화과정에서 종종 발생하듯이 호모사피엔스의 특징인 반성적 자아 인식에 도달하면서 두 가지 능력이 공진화하고 상호 능력을 강화시켰을지 모른다.

우리는 신생아가 성인의 행동을 흉내낼 때마다 매우 본질적인 수준에서 위에서와 같이 '자아' 와 '타인의 자아' 의 상호작용을 떠올린다. 여러분이 혀를 내밀면 신생아도 자아와 타인의 자아 사이에 쳐진 경계, 자의적인 장벽을 허물고 혀를 내밀 것이다. 신생아가 그와 같은 행동을 흉내내기 위해서는 여러분의 행동에 대한 내부 모델을 만든 다음 신생아의 뇌에서 그것을 재현해야만 한다. 자신의 혀를 볼 수 없음에도 불구하고 신생아가 느낀 위치와 여러분 혀의 시각적인 형태를 일치시키는 능력은 매우 놀랍다.

이제 우리는 전두엽에 존재하는 거울뉴런이라는 특정 그룹의 신경세포가 이런 일을 수행한다는 사실을 알고 있다. 나는 거울뉴런이 적어도 부분적으로나마 타인의 자아에 대한 감정이입뿐 아니라 '구체화된' 자아 인식에 대한 우리의 의식을 형성하는 데 관여하는 것이 아닌가 생각한다. (추측컨대) 거울뉴런 체계에 결함을 지닌 자폐아는 다른 사람의 마음을 모델화할 수 없으며, 감정이입이 부족하고, 신체 속에 갇혀 있는 그들의 자아를 느끼기 위해 자기자극self-stimulation에만 몰두한다. 자폐아 아기가 정상 아기처럼 어른이 혀를 내미는 것을 흉내낼 수 있는지 살펴보는 일은 흥미로울 것이다.

다른 자아를 모델화하지 않고서는 어떤 유기체(혹은 인간)도 당황하는 모습을 나타내는 얼굴 홍조를 드러낼 수 없을 것이다. (누군가가 말했듯이, "오로지 인간만이 얼굴을 붉힌다. 혹은 그럴 필요가 있다.") 얼굴 홍조는 다윈도 흥미롭게 생각한 주제다. 홍조는 사회적 금기를 위반했다는 무의식중의 표시이기 때문에 인간에게서 신뢰성의 지표로 진화했을 수도 있다. 남성을 유혹할 때 어떤 여성의 얼굴이 붉어진다면 그것은 이런 의미다. "나는 얼굴이 붉어지지 않고서는 나의 불륜에 대해 당신에게 거짓말을 할 수 없으며, 당신에게 부정한 짓을 할 수도 없어요. 나는 믿을 만한 사람입니다. 그러니 나를 통해 당신의 유전자를 퍼뜨리세요." 이것이 옳다면, 자폐아는 얼굴을 붉힐 수 없을 것이다.

감정이입, 독심술, 언어의 진화(4장 참고)에서의 분명한 역할 이외에도 거울뉴런은 우리의 정신에서 또 다른 중요한 능력인 주로 모방을 통한 학습 능력과 문화 전파 능력의 창발에 결정적인 역할을 했다. 북극곰은 모피를 진화시키기 위해 수백만 년에 걸친 유전자의 자연선택을 겪어야 했지만, 우리 인간의 경우 어린아이도 단순히 부모가 곰을 잡아서 털을 벗겨내는 것만 지켜봐도 모피 코트를 만드는 데 필요한 능력을 획득할 수 있다. 일단 거울뉴런 체계가 충분할 정도로 복잡하게 형성되고 나면 모방과 의태mimesis 같은 탁월한 능력을 통해 인간은 엄격하게 유전자에만 한정된 진화의 제한으로부터 자유롭게 되며, 용불용설로 급격한 이동을 할 수 있었다.

2장에서 언급한 것처럼, 그 결과는 약 5만 년에서 7만 5,000년 전 일어난 문화적 혁신의 급격한 수평적 전파와 수직적 전달이었다. 이것은 불, 복잡한 구성의 도구, 개인 장식물, 제의, 예술, 은신처 등과 같은 일종의 '우연한' 문화적 혁신들의 상대적으로 갑작스러운 확산이라는 소위 '대도약'으로 이어졌다. 유인원 가운데 오랑우탄만이 복잡한 기술을 모방할 수 있다고 알려져 있다. 그들은 종종 동물원 관리자를 유심히 지켜보고는 자물쇠를 따고 나오기도 하고 심지어 카누를 타고 강을 건너기도 한다. 만약 우리 인간이 멸종한다면 오랑우탄이 지구를 지배할 것이다.

이런 형태의 유전자 – 문화의 상호의존성은 인간의 정신적 기능이라는 맥락에서 본성/양육 논쟁이 의미가 없음을 보여준다. 이는 물의 습도가 물을 구성하고 있는 산소에서 나오는지 수소에서 나오는지 질문하는 것과 같다. 우리의 뇌는 그것이 몸담고 있는 문화적 환경과 빠져나올 수 없을 정도로 깊이 얽혀 있다. 우리가 만약 동굴 속에서 늑대들에 의해 길러졌거나 (텍사스처럼) 문화라고는 전혀 없는 환경에서 자랐다면, 우리는 인간이 아닐 것이다. 단일 세포가 공생관계의 미토콘드리아 없이는 존재할 수 없듯이 말이다. 인류의 진화를 관찰하는 화성의 분류학자라면 20세기 이후 호모사피엔스와 (7만 5,000년 전, 즉 대도약이 있기 전의) 초기 호모사피엔스 사이의 (문화에 의한) 행동 차이는 실제로 호모에렉투스와 호모사피엔스 간의 차이보다 훨씬 더 크다는 관찰 결과에 놀랄 것이다. 만약 그가 해부학보다 행동기준만을 사용한다면 후기 호모사피엔스와 초기 호모사피엔스를 서로 다른 두 가지 종으로 분류하고 호모에렉투스와 호모사피엔스를 동일한 종으로 분류할 것이다.[9]

안톤 신드롬과 관념운동행위상실증

2장에서 나는 맹시 증후군을 언급했다. 시각피질에 손상을 입은 환자는 의식적으로 그에게 비춘 빛의 위치를 볼 수 없지만 그 위치를 정확하게 가리키고 만질 수 있도록 안내할 수 있는 대안적인 여분의 뇌 경로를 사용할 수 있다. 나는 이 환자가 여분의 경로 속에서 빛이 비치는 지점에 대한 표현을 가지고 있지만 시각피질 없이는 그 표현에 대한 표현을 하지 못하고 따라서 퀄리아도 가질 수 없다고 주장한다.

반대로 안톤 신드롬Anton's syndrome이라는 신기한 증후군의 경우 환자는 피질에 손상을 입어 앞을 보지 못하지만 자신이 시각장애자임을 부정한다. 그가 가진 것은 의사擬似 메타표현이지 1차 표현이 아니다. 감각과 감각에 대한 의식적인 인식 사이의 이러한 분리 혹은 해리가 가능한 것은 표현과 메타표현이 서로 다른 뇌의 유전자 좌를 차지하고서 서로 독립적으로 손상되었기(혹은 살아남았기) 때문이다. 적어도 인간에게서는 그렇다(원숭이에게도 환상사지 현상은 나타날 수 있지만 안톤 증후군이나 히스테리성 마비는 결코 나타날 수 없다). 정상인을 대상으로 한 최면유도로도 이런 해리, 소위 '숨은 관찰자' 현상을 만들 수 있다. 이것은 '안톤 증후군 환자의 부정 현상을 최면술로 없앨 수 있는가? 혹은 누군가에게 최면을 걸어 맹시의 형태를 입증할 수 있는가?' 와 같은 흥미로운 질문으로 이어진다.

우리가 감각적 표현과 지각에 대한 메타표현을 가지고 있는 것처럼, 우리는 또한 '잘 가라며 손을 흔들고' '벽에 못을 박거나' '빗질하는' 등의 운동 기술이나 명령의 메타표현을 가지고 있다. 이들은 주로 좌뇌반구, 왼쪽 관자놀이 부근에 있는 모서리위이랑 supramarginal gyrus에 의해 조절된다. 모서리위이랑이 손상되면 관념운동행위상실증(ideomotor apraxia, 관념운동실행증)이라는 장애가 발생한다. 관념운동행위상실증 환자는 마비되는 곳이 없지만 탁자에 못을 박는 시늉을 해보라고 하면 탁자 위에 주먹을 쥐고 휘두른다. (이것은 흉내내는 것이 아니다. 정상인이 하는 것처럼 상상으로 망치 자루를 잡고 정확하게 못을 박는 행동을 따라하지 않는다.) 또는 다르게 머리를 빗는 시늉을 해보라고 하면 지시사항을 이해하며 다른 측면에서는 완벽한 지식을 갖췄음에도 불구하고 주먹을 쥐고 머리를 마구 때리기 시작한다.

왼쪽 모서리위이랑은 의도의 내부 이미지, 즉 명확한 메타표현을 추측할 때 필요하며, 복잡한 운동-시각 자기수용 '루프'가 이를 실행하는 데 요구된다. 움직임 자체의 표현은 모서리위이랑에는 존재하지 않는다는 점은 다음과 같은 사실에 의해 입증된다. 만약 여러분이 그 환자에게 망치와 못을 준다면 그는 종종 아무 어려움 없이 그 일을 해낸다. 실제 망치와 못이 있는 경우 전체 메타표현을 추측할 필요가 없기 때문이다. (나는 일부 환자들이 마치 그들의 지향성에 대한 감각이 손상된 것처럼 지시한 것에 대해서, 혹은 지시된 것을 바라보는 것조차도 어려워하는 것을 목격했다.)

하나의 행동이 완전하게 의도적이기 위해서는 옥스퍼드의 철학자 앤서니 케니Anthony Kenny가 지적한 것처럼 그 사람이 그 행동의 전체 귀결을 인식하거나 기대할 수 있어야 하며 그 귀결을 희망해야 한다(예를 들어 누군가가 여러분에게 총을 겨누며 문서에 서명하라고 협박할 때 여러분은 문서에 서명할 것이라고 예상하겠지만 실제로 서명하고 싶지는 않을 것이다). 나는 기대와 인식은 부분적으로 모서리위이랑 속에서 조절되지만, 욕망은 추가적으로 앞띠이랑과 다른 변연계의 구조의 관여가 있어야 한다고 주장한다. 이런 구조와 연관되어 있는 자유의지에 대한 의식은 속담 속에 나오듯 당나귀를 유혹하기 위해 막대기 끝에 매달아둔 당근일지도 모른다.

원숭이와 인간은 모두 손을 뻗어서 초콜릿 바를 쥘 수 있지만 오로지 인간만이 장기적인 귀결을 반영할 수 있으며, 지금 다이어트 중이기 때문에 그 행동을 멈출 수 있다(흥미롭게도 전두엽에 손상을 입은 환자는 그런 행동을 멈출 수 없다. 따라서 전두엽이 손상된 환자가 다이어트를 하고 있다면 매우 놀라운 일이다). 관념운동행위상실증 환자는 타인의 행동이 고의적인지 아닌지를 판단할 때 매우 어려움을 느낀다. 따라서 그들은 지독한 판사나 범죄 변호사가 되고 말 것이다. 앞으로 ('신경법률학'과 '신경범죄학' 같은 새로운 학문 분야가 발전하면) 피고인이 계획적 살인으로 유죄인지 아니면 단순히 과실치사로 유죄인지를 판단하기 위해 뇌 스캔을 실시할 때가 올 것이다.

신경과학 – 새로운 철학

이제 마무리를 해야 할 시간이다. 1장에서 말했듯이, 나의 목표는 뇌에 대한 우리의 지식을 완벽하게 개관하는 것이 아니었다. 나는 공감각, 히스테리, 환상사지, 자유의지, 맹시, 무시 등등 각각의 문제를 다루면서 나와 내 동료들이 경험하는 흥분을 전달했기를 바란다. 신경과학자는 그런 기이한 사례를 연구하고 올바른 질문을 던짐으로써 유사 이래로 사람들의 마음을 사로잡아온 고귀한 질문들(자유의지란 무엇인가? 신체 이미지란 무엇인가? 얼굴이 붉어지는 이유는? 예술이란 무엇인가? 자아란 무엇인가? 나는 누구인가?), 최근까지도 철학의 영역이었던 질문 가운데 일부에 답하기 시작하고 있다.

그 어떤 기획도 인류의 행복과 생존보다 더 중요하지는 않다. 이것은 과거에 그랬듯 지금도 진리다. 정치학, 식민주의, 제국주의, 전쟁 또한 인간의 뇌에서 나온 것임을 명심하라.

나는 해변에 홀로 서서 생각하기 시작한다. 밀려오는 물결, 분자들의 산더미, 각각 어리석게도 자기 맡은 일을 하면서, 수천억 개로 흩어지며 일제히 하얀 물보라를 만든다. 누군가 그것을 보기까지 수많은 세월 동안, 해를 거듭해서 지금처럼 해변을 때려 부순다. 즐길 생명체 하나 없는 죽은 행성에서 누구를 위해 무엇을 위해. 쉼 없이, 에너지의 고문을 받으며; 태양에 의해 엄청나게 낭비된, 우주공간으로 쏟아진, 그 힘이 바다를 울부짖게 한다. 바다 깊이서 모든 분자는 서로의 패턴을 반복한다. 복잡한 새로운 분자가 형성될 때까지. 그것들은 자신을 닮은 다른 것들을 만들고 새로운 춤을 시작한다. 크기가 커지고 복잡해진, 생명체, 원자들의 덩어리, DNA, 단백질. 패턴은 더 엉클어지며 춤춘다. 요람에서 나와 마른 땅으로, 여기 서 있는 그것, 의식을 가진 원자들, 호기심을 지닌 물질, 해변에 서서, 궁금한 것을 궁금해 한다, 나, 원자들의 우주, 우주 속의 원자.

리처드 파인만

주

1 뇌 속의 환상

1 허스테인과 라마찬드란(Hirstein and Ramachandran, 1997); 엘리스, 영, 퀘일, 드 포우(Ellis, Young, Quale and De Pauw, 1997).

2 라마찬드란과 허스테인(Ramachandran and Hirstein, 1998); 라마찬드란, 로저스-라마찬드란, 스튜어트(Ramachandran, Rogers-Ramachandran and Stewart, 1992); 멜잭(Melzack, 1992). 이런 실험은 마이크 머제니크(Mike Merzenich), 패트릭 월(Patrick Wall), 존 카스(John Kaas), 팀 폰스(Tim Pons), 에드 타웁(Ed Taub), 마이크 캘포드(Mike Calford) 같은 생리학적인 연구의 선구자들에 의해 일부 영감을 얻었다. 재배치 가설에 대한 추가적인 증거로 다른 형태의 감각 상실을 경험한 사람들을 들 수 있다.

우리는 다리를 절단한 후에도 환상 다리에 대한 감각이 성기로부터 발생한다는 두 명의 환자를 만났다. 한 신사는 우리에게 심지어 성감조차도 성기에서 다리로 전이된다며, 자신의 오르가즘이 예전보다 더 커졌다고 한다(Ramachandran and Blakeslee, 1998). 정상인에게서도 일부 미미한 혼선이 발생한다는 사실에 비추어볼 때, 발을 성감대로 여긴 이유와 발 페티시를 가진 사람이 있는 이유가 밝혀질지도 모르겠다. 우리는 발이 성기와 비슷하게 생겼기 때문에 발 페티시가 발생한다는 프로이트의 억지 이론보다는 그와 같은 분석학적인 견해를 더 선호한다.

우리는 얼굴에 있는 신경을 자극하는 다섯 번째 신경이 절단된 후 감각이 국소적인 형태로 얼굴에서 절단부로 전이되는 반대 현상이 목격되어야 한다고 예상했다. 이 점은 현재 스테파니 클라크(Stephanie Clarke)에 의해서 입증되었다(Clarke et al. 1996).

재배치가 발생하려면 어느 정도의 절단이 있어야 할까? 지오반니 베를루치(Giovanni Berlucchi)와 살바토레 아글리오이티(Salvatore Aglioitti)는 집게손가락 절단 후 집게손가락만의 지도가 얼굴을 가로질러 그려질 수 있음을 입증했다. 그리고 우리는 또한 주변 손가락과의 관련성을 확인했다. 그 관련성은 특별한 양식을 띠며 국소적인 형태였다(Ramachandran and Hirstein, 1997).

우리는 4주 동안 첫 번째 환자에게서 얼굴과 손이 연관되어 있음을 목격했으며, 그와 같은 현상은 새로운 축삭말단(axon terminal)을 생성시키기보다는 적어도 부분적으로 얼굴 영역과 손 영역 사이에 이미 존재하던 연결고리의 정체를 드러나게 했거나 그 연결고리를 활성화시켰기 때문이었다. 우리는 데이비드 보르숙(David Borsook)과 한스 바이터(Hans Beiter)와 공동으로 팔의 구심로를 차단한 후 24시간 이내에 발생하는 일부 관련성을 발견했다. 이는 적어도 부분적으로 우리의 생각이 옳다는 것을 의미한다.

최근에 팔에서 일어나는 혈압 밴드에 의한 마비 현상으로 감각이 얼굴에서 손으로 전이되었다는 복잡한 보고서들이 나왔지만 재현성이 부족하다.

사지절단 환자들에게서 나타나는 관련감각(referred sensation)으로는 앞서 언급한 것과 같은 재편성이 피질에서 일어나는지 시상에서 발생하는지 알 수 없다. 몇 년 전, 우리는 시상에서 피질로 이어지는 촉각경로장애로 마비 영역이 생긴 뇌졸중 환자에게서 나타나는 관련감각을 체계적으로 연구함으로써 그와 같은 문제를 해결할 수 있다고 주장한 바 있다. 관련감각이 뇌졸중 환자에게서 발생한다면 우리는 적어도 재편성이 피질에서 발생한다고 결론을 내릴 수 있다. 현재 일부 연구 그룹에서 그와 같은 관련성의 존재를 관찰하고 있다(Turton and Butler, 2001).

3 이와 같은 관련감각에 대한 관찰은 위치의 감각 퀄리아(sensory qualia)가 실제 감각 자극의 근원인 얼굴이 아니라 전적으로 감각피질의 어떤 영역이 활성화되느냐에 달려 있다는 것을 의미한다.

그러나 나는 어떤 사람이 팔이 없이 태어난다면 심지어 그 환자가 원래 상위 중추에서 '손'이라고 보고가 돼야 하는 영역을 자극하면 '얼굴'이라고 보고를 해야 하는 환상을 가지고 있다고 하더라도 얼굴로부터 환상 팔로 이어지는 촉각 관련성은 발생하지 않는다는 사실을 발견했다. 이와 유사하게 Mriganka Sur는 새로 태어난 흰 족제비의 시각 통로가 청각피질로 재설정될 경우 실용적인 연결고리가 형성되어 이제 흰 족제비는 청각피질을 통해 봄을 밝혔다. 태어날 때부터 사지가 없었던 사람에게 어떤 방식으로 퀄리아 라벨의 재할당이 발생하느냐라는 질문은 매우 흥미롭다(Hurley and Noe, 2003)

우리는 이제 경두개자기자극(TMS: transcranial magnetic stimulation)을 이용하여 인공적으로 환자의 시각 영역을 자극시키면서 선천성 맹인과 후천성 맹인에게서 시각 퀄리아인 섬광시(phosphene)의 발현과 정밀하며 국소적인 위치화(topographically localization)를 연구하며 여러 가지 의문에 답하고자 노력하고 있다.

4 이런 환상 움직임은 뇌의 앞부분에 위치한 운동중추가 절단된 팔에 신호를 보낼 때마다 절단된 팔은 그 신호의 복사본을 소뇌와 두정엽으로 보내며, 그런 명령 자체는 실제 움직일 수 있는 사지가 없음에도 움직임을 느낀다고 경험하게 된다. 나는 리즈 프란츠(Liz Franz), 리치 아이브리(Rich Ivry)와 함께 실험을 통해 이 사실을 확인했다. 정상적인 사람은 예를 들어 한 손으로는 원을 그리고 다른 한 손으로는 삼각형을 그리는 행동을 동시에 하는 것과 같은 양손으로 서로 다른 행동을 동시에 할 수 없다. 우리는 환자가 삼각형 그리기를 따라하기 위해 자신의 환상사지를 움직일 때도 마찬가지라는 사실을 발견했다. 이는 실제 손의 그림 그리기에서 연유된 것이며, 팔이 없음에도 환상사지에 내린 명령은 중앙에서 통제되어야 함을 의미한다(Franz and Ramachandran, 1998).

5 이런 결과들은 분명 두정엽의 신체 이미지에 대한 신경기질(neural substrate)이 경험에 의해서 상당한 수준까지 수정될 수 있음을 의미한다. 그러나 선천적으로 특화된 유전자주형(genetic template) 또한 존재해야 한다. 우리 팀은 물론 다른 팀도 팔이 없는 상태에서 태어난 사람 가운데 일부는 손짓을 하고 물건을 지시할 정도로 생생하며 완벽에 가까운 환상 팔을 경험함을 발견했다.

이런 관점에서 남성에서 여성으로 성전환한 사람들을 조사하는 연구도 흥미로울 것이다. 암으로 성기를 절단한 환자 가운데 대부분은 생생한 환상 성기와 환상 발기를 경험한다고 한다. 반면, 성전환자는 성기가 자신의 일부라고 느끼지 못한다고 한다. 그들은 항상 자신이 남성의 몸속에 갇힌 여성이라고 느낀다. 이것은 그들의 유전적으로 특화된 뇌의 성(brain sex)과 이에 상응하는 신체 이미지는 남성이라기보다는 여성임을 의미한다. 만약 이것이 사실이라면, 성전환자의 경우 성기가 절단된 후 환상 성기를 느끼는 비율은 '정상적인' 성인들보다 훨씬 낮게 나타날 것이다.

복잡하게도, 온전한 성기를 가진 사람 가운데 일부도 실제 발기보다는 환상 발기를 주로 경험하는 것으로 보고된 바 있다(S. M. Anstis, 개인 인터뷰)

6 아마도 뇌졸중 이후에 나타난 마비조차도 부분적으로 거울로 치료할 수 있는 학습된 마비의 한 형태인 것으로 보인다. 우리 연구그룹(Altschuler et al., 1999)과 다른 연구그룹(Sathian, Greenspan and Wolf, 2000 ; Stevens and Stoykov, 2003)에서 나온 예비조사 결과는 희망적이었지만, 이중맹검 위약조절 연구가 필요하다. 세계 인구의 5퍼센트가 뇌졸중과 관련해 팔이나 다리 마비로 고통을 받는다면, 그들 가운데 단지 소수만이 이 과정을 통해 도움을 받는다 해도, 이와 같은 연구 결과는 매우 큰 의미를 지닐 것이다.

7 우리의 총체적인 전략은 환상사지, 공감각, 카프그라 망상 등 과거에 주로 기이하다고만 생각했던 신경 관련 증후군에 대한 강도 높은 조사를 하는 것이었다.

한 가지 문제점은 신경학과 정신의학 분야에서 증후군 이름의 시조가 된 의사의 단 한 차례의 진료 결과로 많은 사이비 증후군이 생겼다는 것이다. 어느 것이 진짜며 연구할 가치가 있는 것인지 결정하기가 어렵다. 예를 들어, 드 클레랑보 증후군(De Clerambault's syndrome)이 그렇다. 이 증후군은 자신보다 훨씬 나이가 많고, 성공해서 유명해진 남성이 자신과 정열적인 사랑에 빠져 있지만 그 사랑을 깨닫지 못하고 있다는 망상적인 고정관념에 사로잡힌 여성을 두고 정의된 용어다. 우습게도, 젊은 여성이 자신에게 빠져 있지만 부정하고 있다는 망상에 사로잡힌 나이 많은 남성을 일컫는 증후군은 없다. 실제로 후자의 경우가 훨씬 더 흔하지만 아직 이름이 붙여지지 않고 있다(S. M Anstis, 개인 인터뷰). 어떤 페미니스트는 증후군의 이름을 작명하는 정신의학자 대부분이 남성이기 때문이라고 주장할 것이다.

반면, 피질색맹, 행동색맹, 마이크 가자니가(Mike Gazzaniga), 조 보겐(Joe Bogen), 로저 스페리(Roger Sperry)가 연구한 연합절개(commissurotomy) 혹은 '분할 뇌' 같은 일부 증후군은 단일 사례 연구를 통해 밝혀졌음에도 뇌에 대한 우리의 이해력을 강화시켰다. 이제 에릭 캔들(Eric Kandel)이 노벨상을 수상하는 것을 정점으로 '기억흔적(memory trace)'을 형상화하는 물리적인 변화에 내포된 세포 메커니즘과 생화학 메커니즘도 개척되었다.

2 뇌는 어떻게 세상을 보는가

1 그러나 이것은 단지 유사성을 의미함을 명심하자. 핵심적인 한 가지 차이점은 운전하는 동안 나는 자발적으로 운전에 집중하고 대화는 무시할 수 있다. 그러나 맹시의 경우 무의식중에 도로에 의해 처리된 정보는 주의한다고 해서 접근할 수 있는 영역이 아니다.

맹시에 관한 자세한 설명은 와이스크란츠(Weiskrantz, 1986), 슈퇴리히와 코웨이(Stoerig and Cowey, 1989)를 참고하라. 특히 세미르 제키(Semir Zeki) 같은 일부 연구자들은 맹시를 실제 현상으로 간주하지 않는다.

2 라마찬드란, 알트슐러, 힐리어(Ramachandran, Altschuler and Hillyer, 1997)

3 라마찬드란(1995), 라마찬드란과 블레익스리(Ramachandran and Blakeslee, 1998)

4 프리스와 돌런(Frith and Dolan, 1997)

5 라마찬드란과 로저스 라마찬드란(1996)

6 1997년, 나는 에릭 알트슐러(Eric Altschuler)와 제이미 피네더(Jamie Pineda)와 함께 인간의 뇌전도 실험에서 뮤(mu)파 억제현상으로 거울뉴런의 활동지표를 알 수 있는 가능성을 제시했다. 뮤파의 억제현상은 정상인이 자발적으로 손을 움직이거나 단지 다른 사람이 손을 움직이는 것을 볼 때 일어난다. 흥미롭게도 우리는 자폐아가 정상인처럼 자발적으로 손을 움직일 때는 그와 같은 뮤파의 억제현상이 발생하지만 타인의 손이 움직이는 것을 볼 때는 나타나지 않는다는 사실을 발견했

다. 이것은 자폐아에게 거울뉴런 체계에 결함이 있음을 의미한다. 이 같은 사실을 통해 감정이입이 부족하고 타인의 마음을 읽지 못하는 자폐아의 증상을 설명할 수 있을지도 모른다.

또한 단순히 누군가의 손을 잡는 시각적인 모습만으로 거울뉴런이 반응하도록 만들며 뮤파를 억제하는 데 충분한지 아니면 손에 의도를 담아야 하는지는 명확하지 않다. 기계적인 힘에 의해 움직이는 인형의 손이나 도르래 장치에 의해 수동적으로 열리고 닫히는, 마취되거나 마비된 손을 볼 경우에는 어떤 일이 벌어질까? 뮤파의 억제현상이 일어날까?

3 뇌는 어떻게 아름다움을 판단할까

1 내가 집필하고 있는 《예술적인 뇌(Artful Brain)》가 2004년에 출판될 예정이다. 또한 예술의 법칙을 논한 유타 대학의 브루스 구치(Bruce Gooch)의 웹사이트(http://www.cs.utah.edu/~bgooch)를 참고하기 바란다.

2 프랜시스 골턴의 실험에 따르면 몇 사람의 얼굴을 조합하여 평균적인 얼굴을 만들면 매우 매력적인 얼굴이 된다. 이 사실이 나의 피크 이동 법칙과 모순되는 것일까? 반드시 그런 것만은 아니다. 평균화는 아마도 사마귀, 불균형적인 얼굴 부위나 비대칭 부위와 같은 미미한 흠집이나 왜곡을 제거하는 작업일 것이다.

그러나 피크 이동 법칙을 통해 가장 매력적인 여성의 얼굴은 평균화된 얼굴일 필요는 없지만 일반적으로 바람직한 방향으로 과장된 얼굴일 것이라고 예측될 것이다. 예를 들어 남성의 얼굴과 비교되는 특징을 추출하여 그 차별성을 증폭시킨다면 새로운 특징을 지닌 더욱 여성스러운 슈퍼여성이나 과장된 턱 선과 눈썹을 가진 멋진 남성과 같은 훨씬 더 아름다운 얼굴을 보게 될 것이다.

3 단지 재미삼아 한번 이 논쟁을 어디까지 연장시킬 수 있는지 보자. 입체주의는 일반적으로 사물이나 얼굴의 보이지 않는 측면을 취해서 눈에 보이는 측면과 같은 평면에 배열시킨다. 예를 들어 어떤 얼굴의 옆면을 그린 그림에 두 눈과 두 귀가 같이 보인다. 입체주의 그림은 관찰자가 한쪽 면만 볼 수 있는 제한을 없애준다. 여러분은 다른 측면을 보기 위해 사물의 주위를 걸어다닐 필요가 없다. 예술을 배

우는 학생이라면 누구나 그것이 입체의 핵심임을 알고 있지만 그 누구도 입체주의 그림이 호소력을 가지는 이유를 궁금하게 여기지는 않는다. 단지 충격 때문인가, 아니면 그 이외에 다른 요소가 있기 때문인가?

원숭이의 뇌 속의 단일 신경세포의 반응을 살펴보자. 방추회에 존재하는 개별 신경세포는 어떤 특정한 얼굴에만 최적상태로 반응한다. 예를 들어 어떤 신경세포는 어미 원숭이에 반응하고, 또 다른 신경세포는 거대한 몸짓의 알파 수컷(종족을 지배하는 수컷) 원숭이에 반응하고, 또 다른 신경세포는 동료 원숭이에만 반응할 것이다.

물론 하나의 세포에 얼굴의 모든 특징이 담겨 있지는 않다. 그것은 각 얼굴에 선택적으로 반응하는 네트워크의 일부일 뿐이지만 단일 세포의 활동은 전체 네트워크의 활성화를 살피는 데 합리적인 적절한 방식이다. 찰리 그로스(Charlie Gross)와 에드 롤스(Ed Rolls), 데이브 페릿(Dave Perret)이 이미 그 모든 것을 밝힌 바 있다.

흥미로운 사실은 어떤 신경세포, 예를 들어 '알파 수컷 얼굴 신경세포'는 알파 수컷 원숭이의 얼굴 가운데 단지 한쪽 옆면에만 반응할 것이며, 부근의 또 다른 신경세포는 반(半)옆면에만 반응하고 또 다른 신경세포는 원숭이 얼굴의 앞면 전체에 반응할 것이다. 분명한 것은 이들 신경세포 가운데 그 어떤 단일 신경세포도 '알파 수컷 원숭이'라는 사실을 신호로 보내지 못한다. 그 이유는 각각의 단일 신경세포는 알파 수컷 원숭이의 한 면에만 반응할 수 있기 때문이다. 알파 수컷 원숭이가 조금이라도 몸을 돌린다면 한 신경세포의 역할은 끝나고 다른 신경세포가 그 역할을 맡게 된다.

그러나 시각처리 과정 가운데 다음 단계에서 여러분은 내가 '주요 얼굴 세포(master face cells)' 혹은 '피카소 신경세포'라고 부를 새로운 부류의 신경세포를 만나게 된다. 하나의 주어진 신경세포는 알파 수컷 혹은 어미와 같은 특정 얼굴에만 반응할 것이다. 그러나 방추회에 존재하는 신경세포와는 달리 앞서 언급한 주요 얼굴 세포 혹은 피카소 신경세포는 특정 얼굴의 모든 면에 반응할 것이다. 그렇다고 다른 모든 얼굴에 반응하는 것은 아니다. 그리고 물론 그것이 '이봐, 알파 수컷이다. 조심해'라는 신호를 보내기 위해 여러분이 필요로 하는 신경세포다.

여러분은 어떻게 주요 얼굴 세포를 만들 수 있을까? 우리는 그 해답을 모른다. 그러나 한 가지 가능성 있는 방법은 예를 들어 알파 수컷의 단면에만 반응하고, 방추회에 존재하는 모든 '단면 세포(single viewpoint cells)'로부터 축삭돌기를 취해서 단일 주요 얼굴 인식 세포에 수렴시키는 것이다. 여기서 주요 얼굴 인식 세포는 알파 수컷 세포가 될 것이다. 이와 같은 방법으로 정보를 모으면 여러분은 알파 수컷의 모든 면을 표현할 수 있으며, 따라서 방추회에 존재하는 개별 시각 세포 가운데 적어도 하나는 반응하게 만들 수 있으며, 그 반응 신호는 주요 얼굴 세포를 활성화시킬 것이다. 그리고 주요 얼굴 세포는 그 얼굴의 어떤 측면에 대해서도 반응할 것이다.

자, 이제 만약 여러분이 동시에 정상적으로는 양립하지 않는 얼굴의 두 가지 면을 단일 평면상에 단일 시각 영역에 배치한다면 무슨 일이 벌어질까? 여러분은 방추회에 존재하는 두 개의 얼굴 세포를 동시에 활성화시킬 것이고 주요 얼굴 세포는 두 배 용량의 활성화 요소를 얻게 될 것이다. 주요 얼굴 세포가 두 가지 입력요소를 단순히 추가한다면 , 마치 슈퍼얼굴(super face)을 본 듯 탄성을 지를 것이다. 그 결과로 피카소와 같은 입체파 화가들이 그린 얼굴 그림에 눈에 띄는 미학적 호소력이 나타난다.

이와 같은 아이디어가 지니는 장점은 원숭이의 뇌 속에 각각 다른 단계에 있는 얼굴 세포를 기록하고 피카소의 그림에 등장하는 얼굴과 얼굴 세포를 대면시킴으로써 직접 검사할 수 있다는 점이다. 나의 생각이 옳지 않을 수도 있지만 적어도 잘못된 것으로 입증될 수 있다는 그 사실 자체가 장점이다. 다윈이 말한 것처럼 때때로 여러분이 만약 무지로 가는 통로를 닫아버리면 동시에 진실을 향한 새로운 하나의 통로를 열게 된다. 그러나 다윈의 말이 가장 철학적인 미학 이론에 적용될 수는 없다.

4 미학의 일반적인 개념에 대한 이와 같은 논쟁이 옳다면 '피카소를 싫어하는 사람은 뭔가?'라는 당연한 질문이 제기될 것이다. 놀랍게도 그 해답은 실제로 모든 사람이 좋아하지만 그것을 부정한다는 사실이다. 피카소의 그림을 감상하는 법을 학습하는 것은 대개 그와 같은 부정을 극복하는 과정일 것이다. 마치 빅토리아 시대의 사람들이 초기와는 달리 자신들의 편견을 극복하고 촐라 왕조 시대에 만들어진 동상의 아름다움을 인정한 것처럼 말이다. 다소 하찮은 논의처럼 들릴 듯하기 때

문에 이에 대한 설명을 하고자 한다. 우리는 마음이 하나가 아니라 수많은 준독립적인 모듈의 평행적인 활동이라는 것을 알았다. 심지어 한 가지 사물에 대한 우리의 시각 반응조차도 한 단계의 과정으로 이루어지는 것이 아니라 여러 단계 혹은 여러 수준의 처리 과정으로 나타난다. 특히, 아름다움에 대한 반응처럼 복잡한 현상을 말할 때는 더욱 그러하다. 아름다움에 대한 반응은 많은 단계의 처리 과정과 수많은 층의 믿음으로 이루어진다. 피카소의 경우처럼, 나는 '아하'와 같은 본능적인 수준의 반응이 정말 변연계의 초기 활성화에 의해 발생된 후 모든 사람들의 뇌에 존재한다고 말하고 싶다. 그러나 그 후 우리의 상위 뇌 중추가 '아이고 이런! 피카소의 그림은 너무나 왜곡되고 해부학적으로도 올바르지 않기 때문에 그 그림을 좋아해서는 안 되겠군'이라고 우리들 대부분에게 말한다. 마찬가지로 초기 단계에 신경세포가 반응하면서 피크 이동 신호를 보냄에도 빅토리아 시대의 예술평론가들의 관능적인 동상에 대한 반응은 얌전빼는 행위와 무지에 인한 거부감으로 나타났을지도 모른다. 우리가 이와 같은 연속적인 층으로 이루어진 부정의 껍질을 벗길 때 피카소의 그림과 촐라 왕조의 동상을 즐길 수 있을 것이다.

5 내가 쓴 책《라마찬드란 박사의 두뇌실험실》에서 미학의 법칙, 특히 피크 이동이 동물의 진화 과정에 많은 영향을 미쳤을 것이라고 주장한 바 있다. 나는 그것을 '진화 지각론(perceptual theory of evolution)'이라고 부른다. 각각의 종에게는 짝을 짓고, 번식하기 위해 자신의 종을 식별할 수 있는 능력이 필요하다. 그런 목적을 달성하기 위해 각 종은 새끼 갈매기가 3개의 줄무늬가 있는 막대기를 쪼는 것과 마찬가지로 어떤 눈에 띄는 지각적인 신호를 이용한다. 그러나 피크 이동 효과 및 초정상 자극 때문에 원래 모습과 닮지 않은 짝을 더 선호할지도 모른다. 이런 측면에서 볼 때 기린의 목이 길어진 이유는 큰 아카시아 나무에 닿기 위해서일 뿐만 아니라 기린의 뇌가 더욱 기린다운 짝, 예를 들어 긴 목을 가진 짝에게 자동적으로 더 큰 편애를 보이도록 구성되어 있기 때문이다. 이와 같은 편애는 계통발생론적인 측면에서 후손들의 진보적 캐리커처화(caricaturisation)로 이어졌을 것이다. 또한 잘 발달된 감각계를 갖지 못한 창조물, 예를 들어 동굴 거주자에게서는 외형상의 가시적인 형태와 색깔에 나타나는 변이와 눈에 보이지 않는 내부 기관의 화려한 변이가 적을 것으로 예상된다.

이와 같은 생각은 다윈의 성선택(sexual selection)과 유사하다. 예를 들어 암탉은 더 큰 꼬리를 가진 수탉을 더 선호한다. 그러나 위와 같은 아이디어와 다윈의 아이디어는 3가지 측면에서 다르다.

다윈과는 달리 나의 주장은 2차 성징에만 적용되는 것이 아니다. 나는 수많은 형태학적 특징과 성적인 것을 넘어서는 종의 차이를 구별하는 표시가 특정 방향으로 진화를 가속화시킨다고 주장한다.

다윈은 큰 꼬리를 선호하는 것을 성선택의 원리로 사용했지만 그와 같은 일이 발생하는 이유에 대해서는 설명하지 않았다. 나는 그 이유가 식별법 학습을 촉진시키는 것과 같은 다른 이유 때문에 처음부터 진화한, 우리의 뇌 속에 입력된 더욱 기본적인 심리법칙의 발달 때문이라고 주장한다.

예를 들어 (지각을 위한 신경세포 코드 특유의 양상 때문에) 최적의 매력적인 자극이 원래의 것과 어떤 명백한 외형 유사성을 띨 필요가 없다는 우리의 바다 갈매기 원리가 옳다면, 형태에서 나타나는 새로운 경향은 즉각적인 기능의 중요성을 담지 않을 것이며 그 경향은 매우 이상하게 보일 수도 있다. 이와 같은 생각은 큰 꼬리가 기생충이 없다는 '지표'이기 때문에 큰 꼬리에 대한 성선택이 발생한다는 최근의 일반적인 관점과는 다르다. 예를 들어 어떤 물고기는 심지어 어떤 유사성이 전혀 존재하지 않음에도 실험자가 잠재적인 짝의 몸통에 바른 밝은 파란색 점에 유혹된다. 나는 파란색 점이 성이나 종의 지표가 아니고 또한 생존 가능성을 높여주는 양질의 유전자 표시가 아닐지라도 파란색 점이 있는 물고기 종이 미래에 언젠가는 발생할 것이라고 예측한다.

이런 원리가 관찰자와 피관찰자 사이에 긍정적인 피드백을 형성한다는 점에 주목하자. 일단 종 표시(species label)가 뇌의 시각 회로에 입력되고 나면 우연하게 더욱 두드러진 표시를 가진 후손은 그 특징을 증폭함으로써 생존하고 더욱 많이 번식할 것이다. 더 나아가 뇌가 그 표시를 더욱 효율적으로 알아볼 수 있는 후손의 생존력을 향상시킴으로써 그 특징을 더욱 믿을 만한 종 표시로 만들 것이다. 이로써 진보적인 이득 증폭(progressive gain amplification)이 발생된다.

6 이런 아이디어를 검사하는 또 다른 방법은 땀이 나면서 발생하는 피부의 전도성이 증가하는 것을 측정하여 어떤 사물에 대한 본능적인 감정반응을 측정하는 피부전

도반응(SCR: skin conductance response)을 이용하는 것이다. 우리는 일반적으로 낯선 얼굴보다 친근한 얼굴이 인식에 의한 감정적인 동요 때문에 더 큰 반응을 일으킨다는 사실을 알고 있다. 친근한 얼굴을 풍자만화화한 그림이나 렘브란트류의 그림을 보면 똑같은 얼굴의 사진을 보는 것보다 더 큰 반응을 보인다는 것을 반직관적으로 예측할 수 있을 것이다. 우리는 그와 같은 반응을 무작위로 왜곡된 친근한 얼굴이나 차별성을 증폭시키기보다는 감소시킨 반풍자만화(anticaricature)에 의한 반응과 비교함으로써 과장에 의한 특이성 효과를 조절할 수 있다.

지금 내가 피부전도반응을 통해 예술에 대한 개인의 미적 감각반응을 완벽하게 측정할 수 있다고 주장하는 것은 아니다. 피부전도반응으로 실제 측정하는 것은 각성이다. 그리고 각성은 항상 아름다움과 상관관계가 있는 것은 아니다. 각성은 단지 교란을 의미할 뿐이다. 그러나 그 누구도 교란이 또한 미적 반응의 일부라는 것을 부정하지 않을 것이다. 단지 달리나 대미언 허스트(Damien Hirst)의 소금물에 절인 듯한 소를 생각해보자. 이는 역설적으로 우리가 공포영화나 긴장감을 유발하는 놀이기구를 즐긴다는 사실 만큼이나 놀랍다. 그런 행위가 미래의 위협에 대한 뇌 회로의 즐거운 리허설을 의미할지도 모른다. 혼란스럽고, 주의를 끄는 시각적 이미지에 대한 미적 반응에도 똑같은 해석이 가능할 것이다. 특이하고 주의를 끄는 어떤 사물은 예술의 첫 번째 요구사항을 충족시키면서 그 자체만의 특징에 의해 그 사물을 더 인식하기 위해 더욱 세심하게 보게끔 자극한다. 그러나 주의를 끄는 요소는 무작위로 왜곡된 얼굴에서나 그 얼굴의 풍자만화에서나 동일하다. 풍자만화가 피크 이동에 의해 더 추가 요소를 가지겠지만 말이다. 우리가 시각 영역과 변연계의 구조 사이의 연결고리와 그 연결고리를 움직이는 논리, 예를 들어 우리가 그동안 논의한 법칙들에 대해 더욱 명확하게 이해함에 따라 이런 차별적인 미적 반응의 요소는 결국 더욱 세분화될 것이다. 따라서 무작위로 왜곡된 누드는 편도(흥미＋두려움)를 자극하는 반면, 피크 이동된 촐라 왕조의 동상은 편도(흥미)는 물론 격벽과 측중격핵(칵테일에 즐거움을 추가함으로써 흥미＋즐거움을 얻게 됨)을 자극할 것이다.

지능지수(IQ)를 예로 들어보자. 대부분의 사람들은 인간의 지능과 같이 다차원적이고 복잡한 지표를 지능지수와 같은 단일 단위를 이용하여 측정한다는 자체가 매우 우스꽝스러운 일이라는 것에 동의할 것이다. 그러나 예를 들어 항해사를 모집하는 것처럼 매우 급박할 경우 지능지수는 없는 것보다 낫다. 지능지수가 70인 사람은 어떤 기준에서든 영리해 보이지는 않을 것이고 지능지수가 130인 사람은 어리석게 보이지는 않을 것이다.

나는 비슷한 맥락에서 피부전도반응이 단순히 매우 원시적인 미적 반응을 측정할 수 있다고는 하지만 없는 것보다는 낫다고 주장하고 싶다. 그리고 피부전도반응은 특히 뇌 영상과 단일 신경세포 반응 같은 다른 요소들과 결합된다면 매우 유용할 것이다. 예를 들어 풍자만화나 렘브란트의 그림은 방추회에 존재하는 얼굴 세포를 사실적인 사진보다 더 효율적으로 활성화시킬 것이다.

또한 피부전도반응은 미학의 일반적인 개념과 어떤 면에서 더 많은 요소를 포함하고 있는 예술 사이의 구분을 더욱 뚜렷하게 하는 데 도움이 될 것이다. 미학의 일반적인 개념에서는 소위 '디자인'은 포함되는 반면, 소금에 절인 듯한 소는 배제될 것이다.

7 어떤 예술이 저급 예술인지는 명확하지 않다. 그러나 우리가 저급 예술을 짚고 넘어가지 않는다면 우리는 진정 예술을 완벽하게 이해했다고 주장할 수 없을 것이다. 무엇보다 저속한 예술 또한 때로는 그룹 짓기나 피크 이동 같은 법칙들을 따른다. 따라서 어떤 신경 연결고리가 성숙한 미적 감상과 관련이 있는지를 밝히는 한 가지 방법은 피실험자의 고급 예술에 대한 반응으로부터 저급 예술에 대한 반응을 배제하는 뇌 영상 실험일 것이다.

한 가지 가능성은 그 차이가 전적으로 자의적이며 특이적이기 때문에 어떤 이의 고급 예술은 다른 이에게는 저급 예술이 될지도 모른다. 우리 모두는 저급 예술을 감상하는 단계에서 고급 예술을 감상하는 단계로 발전할 수 있지만 그 반대는 불가능하다는 사실을 알기 때문에 그런 일이 일어나지는 않을 듯하다. 대신 나는 저급 예술은 우리가 이야기해온 법칙을 제대로 이해하지 못한 상태에서 단지 적용만 시키려는 행동과 관계가 있다고 주장하고자 한다. 그 결과물이 바로 북아메리카의 호텔 로비에서 흔히 볼 수 있는 '사이비예술(pseudo art)'이다.

우리는 저급 예술을 정크푸드(junk food)에 비유할 수 있다. 진한 농도의 설탕 용액은 모든 아이들이 아는 바와 같이 미각적인 동요를 유발한다. 그리고 강력하게 특정 미각 신경세포를 활성화시킨다. 이와 같은 사실은 진화론적인 관점에서도 설득력이 있다. 스티브 핀커가 지적한 대로 우리의 조상들은 끝없이 자주 발생하는 기근을 대비해서 가끔씩 탄수화물을 폭식해야 했다. 그러나 그런 정크푸드는 미각의 복잡하고 다차원적인 즐거움을 생산하는 데서 맛있는 고급음식과 경쟁할 수 없다(예를 들어 피크 이동이나 대조 등 원래의 진화 기능에서 분리된 이성이 미각 반응에 적용되기 때문이기도 하고, 결국에는 더욱 영영가 높고 더욱 균형 잡힌 식사를 제공하기 때문이다). 이런 측면에서 저급 예술은 시각적인 의미에서의 정크푸드와 같다.

8 동물도 예술을 가지고 있을까? 내가 주장하는 보편적인 미학 법칙 가운데 일부는 예를 들어 대칭, 그룹 짓기, 피크 이동은 서로 다른 인류 문화뿐만 아니라 심지어 종이라는 장벽까지도 뛰어넘을 수 있다. 수컷 풍조(bowerbird)는 매우 척척해 보이지만 종종 미혼 남성용 아파트처럼 웅장하고 화려한 은둔처를 짓는 매우 뛰어난 건축가요 예술가다. 마치 자신의 외모에 대한 프로이트적인 보상이라고 말할 수도 있을 것이다. 수컷 풍조는 정교한 입구를 만들고, 색의 유사성과 대조성에 따라 딸기류의 열매와 조약돌을 그룹 지으며, 심지어는 일종의 담배 호일과 같은 빛나는 보석을 수집하기도 한다. 풍조가 만든 집이 만약 맨해튼의 5번가 갤러리에 전시되고 거짓으로 현대 예술 작품으로 광고했다면 아마도 엄청난 가격에 팔렸을 것이다. 미학의 일반 개념이 존재한다는 주장은 꽃이 캄브리아기에 우리의 조상에게서 분리된 벌과 나비에게 아름답게 보이도록 진화했음에도 우리 인간도 꽃의 아름다움을 알고 있다는 사실을 통해 설득력을 얻는다. 또한 새들이 이용하는 대칭과 그룹 짓기, 대조, 피트 이동과 같은 원리는 다른 새들을 유혹하도록 진화했지만 우리는 그 새들을 보며 감동을 받는다.

이번 주제에 대해 리처드 그레고리(Richard Gregory)와 아론 슐로만(Aaron Schloman)은 나에게 그런 법칙이 실제로 존재한다면 적어도 몇 가지는 컴퓨터 속에 프로그램화하여 시각적으로 매력적인 사진을 만들어낼 수 있음을 지적했다. 사실 그와 같은 작업은 샌디에이고 캘리포니아 대학(UCSD)의 해럴드 코헨(Harold Cohen)이 수년 전에 시도한 바 있다. 해럴드의 알고리듬은 엄청난 가격에 팔리는 정말 매력적인 사진을 만들어냈다.

9 모든 서양 예술비평가들이 조지 경처럼 우둔한 것은 아니었다. 시바 나타라자(그림 3.4)를 감상한 프랑스 학자 르네 그루세(Renee Grousset)의 말에 귀를 기울여 보자.

"세상을 의미하는 원인 티루바시(Tiruvasi)의 불타오르는 후광에 둘러싸여 있는지에 상관없이 춤의 왕, 나타라자는 그 원을 가득 채우며, 그 위에서 어떤 리듬에 흠뻑 빠져 있다. 오른손에 들고 있는 탬버린은 세상 만물을 모두 자신의 춤의 세계로 빨아들이고 있다. 그리고 그들은 그의 주위에서 춤을 춘다. 휘날리는 머리카락에 갈색 스카프를 한 전통적인 머리 태래는 만물을 결정화시킨 뒤 한 줌의 흙으로 만들어버리는 우주의 운동 속도를 말해준다. 왼손 가운데 한 손에는 우주의 소용돌이 속에 있는 지구에 생명을 불어넣기도 하고 생명을 빼앗아버리기도 하는 불덩이를 들고 있다. 나타라자의 춤은 죽은 자들의 신체 위에서 이루어지고 있으므로 그의 한 발은 타이탄을 짓누르고 있으며, 오른손 가운데 하나는 확신을 뜻하는 형세를 하고 있어 우주적인 관점에서 보면 이 세상의 결정론자들의 잔인성이 온화하며, 미래 생성의 원리라는 사실을 보여준다. 여러 동상에 등장하는 춤의 왕, 나타라자는 미소를 크게 짓고 있다. 그는 산 자와 죽은 자, 고통과 기쁨에 똑같은 미소를 짓고 있다. 우리에게 표현의 자유가 주어진다면 그의 미소는 죽음인 동시에 삶이며, 기쁨인 동시에 고통인 것이다. 사실 이와 같은 고견에서 보면 만물이 자신의 존재 이유와 논리적인 강박관념을 발견하며 제자리를 찾는다. 첫눈에는 당혹스럽지만 여러 개의 팔은 차례로 내부지향 법칙을 따르고 있으며, 각 팔은 본질대로 우아한 자태를 유지하고 있어 나타라자는 큰 기쁨 속에서도 중대한 조화를 이루고 있다. 그리고 나타라자의 춤이 정말 삶과 죽음의 힘, 창조와 파괴의 힘이라는 것을 강조하는 듯 왼쪽 손 가운데 첫째 손은 코끼리의 코처럼 흐느적거린다. 마지막으로 동상의 뒷면을 보면 물질의 안정성과 불변성의 상징이었던 것처럼 현란하게 다리를 움직이는 속도는 주위 환경의 소용돌이를 상징하는 것처럼 보이는 반면, 세상을 지탱하고 있는 어깨의 불변성과 신과 같은 나체 흉상의 위엄은 없다."

4 공감각, 진화하는 우리 마음의 메타포

1 많은 '하위 공감각자들'에게 숫자뿐 아니라 알파벳 글자도 특정 색깔이 떠오르게

만든다. 우리는 이것을 '서기소'라고 부른다. 글자의 시각화되는 형상 역시 방추회에서 인식되는 것으로 보이며, 따라서 '교차활성' 이론 역시 이 점을 설명할 수 있다.

다른 사람들에게는 글자의 소리-음소(音素)-가 색깔을 결정하며, 이는 TPO 연결점과 모이랑 근처 상위층에서의 교차활성에 근거한다(Ramachandran and Hubbard, 2001a, b).

2 이는 적어도 독서 장애나 유전적으로 읽지 못하는 일부 형태에 대한 참신한 치료법의 가능성을 제기한다. 제롬 레트빈(Jerome Lettvin), 개드 가이거(Gad Geiger) 및 재닛 앳킨슨(Janet Atkinson)은 독서 장애의 적어도 한 가지 형태가 과도한 밀쳐내기를 초래하는 결함에 의해 초래될지도 모른다고 제안했다. 개개의 문자는 쉽게 인지되지만 하나의 단어 내에 들어가 있으면 밀쳐내기 또는 산만도가 증가되어 그 문자를 인지할 수 없게 된다. 공감각자들은 인접되어 있는 문자들 사이에 서로 다른 색깔을 인식하기 때문에 이런 밀쳐내기를 덜 느끼게 된다는 우리의 관찰에 대해 혹자는 인접한 문자나 단어를 서로 다르게 채색함으로써 독서 장애를 극복할 수 있지 않을까라고 의문을 가질지도 모르겠다. 이와 관련하여 우리는 이미 일부 희망적인 사전 결과를 얻었지만 추가적인 실험이 더 필요하다.

3 이 이론이 초기 유아기의 학습이 공감각에서 아무런 역할을 하지 않는다는 것으로 간주되어서는 안 된다. 어떤 의미에서는 만약 우리가 뇌에서 숫자를 신호화하는 신경을 가지지 않고 태어났다면 어릴 때의 학습이 틀림없이 어떤 역할을 할 것이다. 그래서 교차활성은 단순히 기질만을 제공한다. 즉 숫자와 색깔을 연결하는 경향을 제공하는 것이지 어떤 숫자가 어떤 색깔을 떠올리게 만들지를 결정하는 것은 아니다.

그러므로 동일한 숫자가 서로 다른 공감각자 사이에서 서로 다른 색깔로 인지된다는 것은 놀라운 일이 아니다. 그렇지만 이런 분포가 공감각자 사이에 완전히 임의적으로 발생되는 것은 아니다. 예를 들어 '0'은 초록색보다는 흰색의 경향이 강하다. 이와 유사하게 특정 음소와 색깔 사이의 일치성이 처음에는 임의적인 것 같으나 음소를 양순음, 치경음, 구개음, 연구개음, 순치음, 무성음, 유성음, 비음 등으로 분류를 하게 된다면 어떤 상관성과 양상이 도출될 수 있을 것이다. 원소 주기율

표로부터의 교훈을 잊지 않도록 하자. 원소들은 무리를 이루는 것(할로겐족 원소나 알칼리 금속 등)처럼 보였으나 후에 주기율표를 만들게 된 멘델레예프의 '원자번호 규칙'이 발견될 때까지는 어떠한 명확한 경향성도 식별될 수 없었다.

4 숫자의 대비를 바꾸는 효과를 관찰함으로써 또 다른 증거를 찾을 수 있었다. 하위 공감각자들에게서 대비가 감소되면 8퍼센트의 대비 이하에서 완전히 사라질 때까지 점점 색의 포화 정도가 감소된다. 이는 숫자 자체를 여전히 확실히 볼 수 있는 경우에도 그러하다(Ramachandran and Hubbard, 2002). 대비점과 같은 물리적 자극 인자들에 대한 이런 높은 민감성은 신경처리과정의 초기단계에서 혼선의 경향을 띠게 한다. 피실험자가 자신의 앞에 있는 숫자를 시각화하거나 상상할 때 무슨 일이 일어나는 것일까? 이상하게도 많은 피실험자들이 색이 더 생생하다고 보고하는 것을 보았다. 이것을 이해하기 위해서는 여러분이 어떤 대상을 상상할 때 대상이 실제로 보일 때처럼 뇌에서 동일한 감각전달 경로의 일부 활성이 나타난다는 것을 명심해야 한다. 이렇게 내부적으로 생성되는 활성인 '탑다운(top down)'은 색결절을 교차활성시키기에 충분할 수 있다. 그러나 여러분이 실제 검은색의 숫자를 보게 되면 뇌에서 신경단위인 신경세포의 동시적 자극이 발생하여 검은색이라는 신호를 보내게 되고 공감각적 색을 편파적으로 거부하게 된다. 상상을 통해 내부적으로 떠올리는 숫자의 묘사에 대해서는 이런 거부반응이 일어나지 않는다. 그러므로 색은 더욱 생생해진다.

5 프랜시스 골턴에 의해 기술된 것으로 또 다른 상대적으로 일반적인 공감각 형태는 '숫자선(number line)'이다. 공감각자들에게 숫자들을 시각화하도록 요청하면 이들은 하나의 선을 따라 순서적으로 배열되도록 서로 다른 숫자들(때로 30 또는 심지어 100까지)을 서로 다른 위치에 놓고 각 숫자를 본다. 보통 그 선은 상당히 많이 감겨 있는데 때로는 서로 반대방향으로 배열되어 9가 직각좌표공간에 있는 8보다 2에 더 가까울 수 있다.

우리는 최근에 이것을 객관적으로 보기 위한 기술을 고안했다(Ramachandran and Hubbard, 2001b). 정상인들에게 두 개의 숫자 가운데 어떤 것이 더 큰지 말하도록 하면 이들의 반응은 숫자 사이의 수적 '거리'에 따라 직선적으로 증가하는데 이는 마치 피실험자들이 완전히 직선인 숫자선상의 숫자를 판독하고 있는 것처럼 보인다. 그래서 서로 더 가까운 숫자들일수록 구별하기가 더 어렵다(스태니스 래스 디해니(Stanislas Dehaene)가 이것을 증명했다). 그러나 서로 반대방향으로 감겨 있는 숫자선을 나타내는 공감각자에게 실험해 보았을 때 위에 언급한 것이 사실이 아님을 알았다. 결코 단지 수적 거리에 따라서만 반응시간이 달라지는 것은 아니었다. 직각좌표공간과 수적 거리 사이의 일종의 절충점이 있는 것 같았다(Ramachandran and Hubbard, 2002).

6 공감각의 방향성에 대해서도 의견이 필요하다. 많은 경우 숫자는 색깔을 떠올리게 해도 색깔이 숫자를 떠올리게 만드는 것은 드물다는 사실을 주목해왔다. 뇌 지도 내에서 '색의 공간'이 표현되어지는 방법과 철자체계의 최소단위인 서기소의 표출 방식 사이에는 일정방향의 교차활성을 나타내는 쪽으로 기우는 자동적 경향이 있다(Ramachandran and Hubbard, 2001b).

7 일반적인 지식과는 정반대로 보통의 언어에서의 은유는 어떤 방향이 더 우선적인지에 대해 자의적이지 않으며, 이것이 은유와 공감각 사이의 유사성에 대한 우리의 주장을 뒷받침해준다. 예를 들어 우리는 '화려한(loud) 셔츠'라고 말하지 '빨간 소리'라고 하지 않는다. 부드럽거나 거친 소리라고 이야기하지 '시끄러운 (loud)' 감촉이라고 말하지 않는다. 그리고 우리는 '날카로운 맛'이라고 얘기하지 '시큼한 촉감'이라고 말하지 않는다. 이 모두가 해부학적인 구속을 받고 있음을 나타내는 것인지 모른다. 우리는 색깔을 볼 때 숫자를 보는(그 역은 안 되는) 공감각자를 딱 한 명 만났다. 정말로 그녀는 두 가지 색상으로 구성된 물방울무늬 셔츠나 체크무늬 셔츠를 보게 될 때 즉각적으로 두 가지 숫자의 합을 보았고 자신이 무의식적으로 그 숫자들을 더했다는 사실을 깨닫기 위해 그것을 분석해보았다. 이런 예는 우리가 물리학을 다루고 있는 것이 아니라 예외사항이 많은 생물학을 다루고 있음을 깨닫게 해준다.

공감각은 또한 기억 보조자로 사용될 수 있다. 많은 사실이 문자(또는 음표)를 색으로 암호화하는 색깔 연상작용을 이용하여 어떻게 다른 사람들보다 타자를 더 빨리 치도록(또는 음계를 더 빨리 배우도록) 만드는지에 대해 말해주고 있다 (Ramachandran and Hubbard, 2001a).

촉감 대 맛(사이토위크(Cytowick)의 유명한 '모양을 맛본 남자'(2002)와 매트

블레익스리의 경우에서처럼) 같은 공감각의 더 독특한 형태에 대해서는 어떤가? 이는 아마도 맛을 수용하는 섬 피질과 가까운 부위 및 펜필드 지도 내의 손과 관련된 체지각 영역과 상관이 있을 것으로 보았다.

이미 부분적으로 연결되어진 뇌 지도는 좀더 쉽게 공감각적인 교차활성에 관여하게 된다. 그런 지도는 종종 (방추회에서 색의 영역과 숫자 영역, TPO 지역 근처의 색과 청각 지역 또는 피질 내의 촉각/맛 지도와 같이) 해부학적으로 서로 인접해 있다. 그렇지만 이 영역들이 인접해 있을 필요는 없다. 최근에 제이미 워드(Jamie Ward)는 음소가 맛을 느끼게 하는 공감각자들에 대해 연구하였는데, 섬과 브로카 영역이 서로 연결되어 있을 것으로 추정했다.

정상인도 공감각을 경험할까? 우리는 매니큐어용 에나멜과 같은 것에 대해 비록 결코 그 맛을 보지 않았을지라도 그것의 냄새를 달콤하다고 말한다. 이는 냄새와 맛 사이에 가까운 신경적 연결과 교차활성이 관여할 수도 있음을 말해준다. 여러분은 이것을 우리의 뇌에 존재하는 일종의 공감각이라고 생각할 수도 있을 것이다. 이는 과일이 달면 냄새도 달듯이 기능적으로뿐만 아니라 구조적(냄새와 맛에 대한 뇌에서의 경로는 밀접하게 섞여 있고 전두피질의 동일 부분으로 도출되어 있다)으로도 이치에 맞는 것일지 모른다.

마지막으로 심지어 유아기에도 우리가 구역질나는 냄새와 맛을 접하게 될 때 코를 막고 손을 들어올린다는 사실을 생각해보라. 도덕적 관점에서 불쾌감을 주는 사람에 대해 모든 문화에서 동일한 말인 '구역질나는'이란 말을 사용하고 동일한 얼굴 표정을 짓는 것은 왜인가? 왜 끔찍한 맛을 묘사할 때와 동일한 말을 사용하는 것일까? (예를 들어, 불쾌한 사람에 대해 '고통스러운' 같은 표현은 왜 쓰지 않는 것일까?) 다시 한 번 말하지만 진화적이고 해부학적인 구속을 받기 때문일 것이다. 하등 척추동물에서는 전두엽의 어떤 부위가 냄새와 맛에 대한 지도를 갖지만 포유동물은 더 사회적 동물이기 때문에 동일한 지도는 영토 확장, 공격, 성적 행동 등과 같은 사회적 기능을 위해 사용된다. 결과적으로 하나의 완전한 새로운 사회적 차원인 도덕을 지도화하기에 이른다. 그러므로 후각/미각적으로 그리고 도덕적으로 혐오스러운 것에 대해 말과 얼굴 표정은 상호교환이 가능하다.

8 은유와 공감각을 교란시키는 신경장애들이 있을까? 이에 대해서는 자세히 연구가

되지 않았으나 본문에서 언급했듯이 모이랑이 손상된 환자들에게서 속담의 해석 뿐 아니라 booba/kiki 효과에서의 장애를 볼 수 있었다. 최근에 좌측 모이랑에 손상을 입어 실어증에 걸린 한 환자를 대상으로 실험하였는데 이들은 15개의 속담 중 14개를 틀리게 해석했다. 즉 이들은 속담을 은유적으로 해석하지 않고 문자 그대로 해석했다.

하워드 가드너(Howard Gardner)는 뇌 우반구에 손상이 있는 환자들이 은유와 관련하여 문제를 갖는다는 사실을 보여왔다. 이들 환자들에서 나타나는 결손이 주로 '그는 중역직에서 사임했다(step down, 내려가다)' 또는 '그는 승진했다 (move on, 나아가다)' 같은 공간적 은유에 있는지를 살펴보는 것은 흥미로운 일일 것이다. 역설적이게도 나는 이들이 실제로는 말장난을 잘한다는 점에 주목했다 (말장난은 뇌의 우반구의 손상에 의해 영향을 받지 않고 주로 좌반구 성향을 가지고 있는지도 모른다).

정신분열증 환자들 역시 속담을 해석하는 능력이 떨어지지만 흥미롭게도 무의식적으로 말장난을 하고 '음향연상(음에 따라 새로운 관념이 연상되는 것. 예를 들어 우연히 시작된 '사' 발음 때문에 '사람, 사슴, 사랑' 등으로 무의미한 연결을 일으킨다-옮긴이)'을 종종 일으킨다. 정신분열증 환자들과 우반구 전두엽-두정엽 부위가 손상된 환자들 사이에 유사성이 있다는 사실이 떠오른다. '나는 나폴레옹이다' 또는 '나는 마비되지 않았어'라고 말하는 망상과 '내 왼손이 너의 코를 만지고 있어' 등의 환각은 정신분열증 환자들과 우반구 전두엽-두정엽 부위가 손상된 환자들에게 모두 나타나며, 정신분열증 환자처럼 우반구 손상을 갖는 환자들도 말장난과 익살맞은 유머를 비슷하게 구사한다. 이런 점은 이들 환자들이 우반구 전두엽-두정엽의 기능이 저하되고 좌반구에서는 비이상적 과도활성이 나타날 수 있음을 말해준다.

마사 파라(Matha Farrah) 및 스티브 코슬린(Steve Kosslyn)은 내면에서 형성되는 상의 발생과 조절은 주로 좌측 전두엽의 기능이며 현실에 대한 상을 확인해보는 것은 우반구에서 수행된다는 것을 보였다(Ramachandran and Blakeslee, 1998). 따라서 정신분열증에 대해 우리가 여기서 가정하고 있는 손상들이 조절되지 않고 억제되지 않는 상(환각)과 신념(망상)을 초래할 수도 있다.

9 하나의 단어는 하나의 단순한 표식 그 이상이다. 이런 사실은 좌반구 모이랑 손상에 의해 유발되는 실어증, 즉 '말이 혀끝에서 맴도는' 현상을 갖고 있는 한 인도인 환자를 최근에 검사했을 때 분명히 알 수 있었다. 그는 실어증(그에게 제시된 물체들을 명명하는 것을 어려워했으며 자유발언 동안 올바른 단어를 찾는 것도 어려워했다)에 더해서 게르스트만 증후군(Gerstmann's syndrome)에서 나타나는 증상인 수지실인증(자신 및 타인의 손가락을 인식하지 못하는 증상) 및 좌우의 혼동(흥미롭게도 그 환자는 신발과 발을 동시에 보여주는 경우조차 어떤 신발이 어느 발에 어울리는지를 지적할 수 없었다)을 나타냈다.

그 환자에게 어떤 물체를 보여주면 그는 의미론적으로 관련된 단어들을 만들어낸다. 예를 들어, 안경을 보여주면 그는 '시력 약물'이라고 말했다. 이것은 그가 그 물질이 무엇인가를 알고는 있으나 그 이름을 인지하지 못한다는 표준적 견해를 뒷받침한다. 그러나 이런 점과 일치하지 않는 종류의 물체들이 있었다. 그에게 인도의 신인 크리슈나(어느 인도 아이라도 바로 알아보는 대상) 상을 보여주자 그는 그것을 잘못 알아보고 '아, 그는 라마 신이 대양을 건너도록 돕는 신입니다(그가 이야기하는 것은 원숭이 신인 하누만이다)'라고 말했다. 내가 '그것의 이름은 Kr로 시작됩니다'라고 힌트를 주면 그는 '아, 물론 그것은 크리슈나죠……. 그는 라마를 돕지 않아요'라고 말한다. 이 환자가 처음에 잘못 분류한 많은 다른 대상들에 대해서도 동일한 반응이 나타났다. 어떤 대상의 이름을 바로 잡아주면 그는 또한 올바른 의미적 연상을 불러일으켰다. 이런 관찰은 일반적 지식과는 반대로 이름은 단지 표식이 아니라는 것을 의미한다. 그것은 여러분이 보고 있는 것들과 연결된 의미들의 금고를 여는 마술 열쇠다.

내 환자가 손가락들을 명명하지 못하는 경우, 내가 가운데 손가락을 펴는 무례한 신호를 그에게 한다면 그가 어떻게 할지 의문이 갔다. 그는 내가 천장을 가리키고 있다고 말했다. 다시 언급하지만 그가 잃어버린 것은 단어 이름뿐 아니라 심지어 매우 두드러진 연상조차도 잃어버린 것이다.

마지막으로 그는 은유에서도 매우 끔직했다. 그는 다른 지적 능력이 요구되는 작업에서는 완전히 정상임에도 불구하고 15개의 속담 표현 중 14개를 은유적으로 해석하는 것 대신에 문자 그대로 해석했다(주8 참조. 이것은 좌측 TPO, 특히 모이랑이 인간의 은유 발현에 중추적 역할을 해왔다는 내 생각을 뒷받침해준다).

10 만일 그렇다면 왜 모든 언어들이 동일 사물에 대해 동일 단어를 사용하지 않는 것일까? 개에 대해서 영어에서는 'dog', 프랑스어에서는 'chien', 타밀어에서는 'nai'라고 말한다.

그 답은 우리의 원리가 만물이 이제 막 궤도에 오르려 하던 때인 고대의 원시 언어에만 적용된다는 것이다. 일단 기본적인 작업틀은 언어가 분기될 때 발생한 적절한 자의적 차이들이다. 즉, 소쉬르적 형태로 바뀌는 것이다. 진화에서 문제란 종종 그것의 출발과 관련이 있다.

비교언어학에 대한 연구는 이런 관점을 지지해준다(Berlin, 1994). 어떤 남미 부족은 서로 다른 물고기 종들과 새 이름에 대해 수십 개의 단어를 가지고 있다. 만약 어떤 영어를 말하는 사람이 그가 이해할 수 없는 이들 단어들을 물고기 대 새로 분류하도록 요청받는다면 그는 예상외로 잘할 것이다. 이것은 어떤 사물을 나타내는 데 사용되는 소리와 그 물체의 모양 사이에 비자의적 연관성이 있음을 말해주는 것이다.

11 절(節)의 문장구성상 '자리잡기'는 팔을 움직이는 것과 놀라울 정도로 유사점이 있다. 내가 '여러분의 코를 만지시오'라고 말하면 여러분은 힘들이지 않고 가장 가까운 궤적을 따라 손을 움직인다. 이때 근육을 적당한 순서로 움직여서 팔꿈치의 각도와 손가락 등을 움직이게 된다. 또한 원한다면 손을 목 뒤에서 움직여서 곡선을 그리면서 앞쪽으로 손을 뻗어 코를 만질 수 있다. 이런 행동을 이전에 결코 해본 적이 없다고 해도 말이다. 따라서 이것이 지정된 유일한 목적(코 만지기)이며 전체적 전략(먼저 가까운 근육을 수축시키고 점차로 다음 과정으로 자리잡고 들어가 점점 먼 관절을 움직이게 한다)이다. 이런 움직임 순서의 목적지향적 '자리잡기'는 커다란 문장 내에 절들을 삽입하는 것과 다르지 않다.

우리는 또한 현대인의 뇌에서 구문론과 의미론의 기능적 자율성에 대한 의문점과 진화적 근원에 대한 의문점을 구별해야만 한다. 현대인에게 구문론은 거의 확실히 양식화되어 있다. 베르니케영역에 손상을 입은 환자들이 어느 능력은 없어도 다른 능력은 있음을 우리는 알고 있다. 이들은 문법적으로 흠은 없지만 아무 의미 없는 문장을 만들 수 있다(촘스키의 가공의 예인 '색깔 없는 녹색 생각이 맹렬하게 잠을 잔다' 처럼). 이는 독립된 브로카영역이 스스로 문장의 구조를 만들 수 있다는 것을 말해준다. 그러나 이로부터 구문론이 어떤 선행하는 능력으로부터 진화되지 않았다고 할 수는 없다.

비슷한 것으로, 소리를 증폭시키는 데 사용되는 중이에 있는 3개의 작은 뼈를 생각해보자. 이것은 파충류에게는 없고 포유류에게만 있는 것으로 알려진 특성이다. 파충류는 다중으로 접혀지는 아래턱의 양쪽에 3개의 뼈를 가지고 있다. 이 뼈들은 먹이를 씹지 않고 삼키는 데 적합하다. 반면 포유류는 하악골 하나만 갖는다. 우리는 이제 비교해부학적 연구를 통해 뼈의 해부학적 위치 때문에 파충류의 턱 뒤쪽에 있는 2개의 뼈가 포유류에게는 듣는 데 사용되는 귀로 동화되었다는 사실을 알고 있다.

현대 포유류에서 듣기와 씹기는 구조적, 기능적으로 서로 독립되어 '양식화' 되어 있다(턱뼈를 잃는다 해도 귀머거리가 되지 않을 수 있다). 일단 진화적 순서가 밝혀지면 하나의 기능이 다른 것으로부터 진화되었다는 사실이 명확해질 것이다. 그리고 내 견해로는 구문론 및 여기서 다루었던 다른 언어적 능력들의 출현에서 동일한 종류의 것이 반복해서 발생되어왔을 것이다(이런 관점은 언어학자들이 싫어하는 것이다).

'순수한' 언어학자와 신경과학자 사이에 긴장관계를 이루는 하나의 원인은 전자의 무리가 체계의 본질적인 규칙에만 관심을 가지고 있다는 것이다. 즉, 그 규칙이 어떻게 그리고 왜 나오게 되었는지, 또는 그 규칙이 신경 건축구조 내에 어떻게 적용되었는지, 그리고 그것이 다른 뇌의 기능과 어떻게 관련되었는지에 대해 관심을 갖는 것이 아니다. 정통 언어학자에게 그런 의문점은 소수, 페르마의 정리 또는 골드바흐의 추측에 관심이 있는 정수론 학자에게서처럼 아무런 의미가 없을 것이다. (그리고 진화, 뉴런 또는 수와 관련된 기능에서 모이랑의 역할에 대한 어떤 이야기도 그의 관심과는 멀 것이다!) 주된 차이는 수 이론은 2,000년 이하의 역사를 갖는 반면 구문론은 20만 년 또는 그 이상 동안 자연선택을 통해 진화되어왔다는 점이며, 그것의 본질적 규칙들은 어떤 의미에서는 선택되거나 적응된 것이 아니었다. 실로, 이들 규칙이 순수 수학자들에게 그토록 매력적이었던 것은 바로 이것들의 무용성 때문이었다.

5 뇌과학-마음의 비밀을 푸는 21세기의 철학

1 또 하나의 가능성은 이와 같은 지연 현상에는 아무런 기능이 담겨 있지 않으며 시공간에서 나타나는 불가피한 신경 활동의 오류 때문에 발생한다는 것이다. 뇌 속에는 호문쿨루스가 실시간으로 볼 수 있는 영화 스크린이 없기 때문에 누군가의 의지력과 일련의 신경반응 사이에 정확한 공시성(synchrony)을 기대할 이유가 없다. 이와 같은 견해는 유명한 미국 철학자 대니얼 데닛(Daniel Dennett)에 의해 피력된 바 있으며, 절약 법칙의 장점을 지니고 있다. (절약 법칙이 생물학에서는 잘못된 길로 유도하고 있을 가능성도 있지만 진화가 일어나는 방식이라면 맞을 수도 있다. 크릭이 "신은 엔지니어가 아니라 해커다"라고 말한 것처럼 말이다.) 웨그너(2002)와 처치랜드(1996, 2002)는 자유의지 문제에 커다란 공헌을 한 바 있다. 그들과 크릭, 크리스토프 코흐(Cristoff Koch), 제럴드 에델만(Gerald Edelman) 덕분에, 의식에 대한 연구는 이제 존경의 대상이 되고 있다.

시간 오류 개념에서 마주치는 한 가지 난관은 뇌의 활동과 자유의지를 느끼는 것 사이의 공시성을 판단할 때 발생하는 오류가 체계적이며 일관된 이유가 무엇인가라는 점이다. 그것이 진정 '오류'라면 여러분은 뇌의 활동 주위에 형성된 무작위적인 시각에 자유의지를 느낄 것이라고 기대할 수도 있을 것이다.

일반적으로 철학자들이 의식을 이해하는 데 별다른 진전을 이룩하지 못했다고 말하는 것은 정당하다. 그러나 (직업상의 장애물로 지겹도록 고집스럽게 서로를 반대하는 경향을 보이고는 있지만) 패트 처치랜드, 폴 처치랜드, 존 설(John Searle), 대니얼 데닛, 제리 포더(Jerry Fodor), 데이비드 찰머스(David Chalmers), 빌 허스테인(Bill Hirstein), 네드 블록(Ned Block), 릭 그러시(Rick Grush), 알바 노이(Alva Noe), 수잔 헐리(Susan Hurley) 같은 예외도 있다.

2 그와 같은 아이디어가 옳다면 우리는 또 다른 예측을 할 수 있다. 팔을 움직이라는 명령을 보내는 정상인은 팔이 그 명령에 복종하고 있다는 사실을 시각 및 관절 감각과 근육 감각과 같은 자기수용(proprioception)을 통해 피드백을 받는다. 그러나 장갑을 끼고 숨어 있는 조수나 거울을 이용한다면 누군가가 자신의 팔이 완전히 고정된 것처럼 보이게 만들 수 있다. 운동 명령이 그의 뇌에 의해 관찰되고 있

고, 그 팔이 움직이고 있는 것처럼 '느껴진다' 하더라도 그 팔은 고정된 것처럼 '보인다'(Ramachandran and Blakeslee, 1998). 정상인은 그와 같은 모순에 직면할 때 '이런, 이게 무슨 일이야!' 라고 말하면서 강한 동요를 경험한다. 왜 팔이 움직이지 않지, 하고 말이다. 그러나 우반구 손상으로 질병인식불능증에 걸린 환자의 마비되지 않은 오른팔에 그와 같은 실험을 했을 때, 그녀는 자신의 팔이 완벽하게 움직이는 것을 볼 수 있었다고 조용히 말했다. 그녀는 불일치를 무시했다. 질병인식불능증과 정신분열증 사이의 유사성을 좀더 찾아보면 정신분열증 환자들은 이와 같은 형태의 거울 상자를 마주치면 그와 똑같은 행동을 할 것이다. 그들은 자신의 팔이 움직이는 환각에 빠질 것이다.

3 실제로 퀄리아 문제에는 두 가지 버전이 있다(Ramachandran and Blakeslee, 1998). 첫째는 의식이 있어야만 하는 이유에 대한 수수께끼다. 나의 견해는 자아에 대한 감각과 밀접한 관련이 있다는 것이다. 나를 포함한 모든 사람들이 자기 일이나 하는 좀비가 될 수 없는 이유가 무엇인가? 세상에는 두 개의 평행선인 주관적인 '나'와 객관적인 '그것'만 존재하는 이유는 무엇인가? 둘째는 감각이 특별한 형태를 지니는 이유가 무엇인가라는 점이다. 이 문제는 과학적인 방법으로 접근이 가능하며, 여기서 해답을 얻는다면 첫째 질문의 해답을 얻는 데도 한층 가까워질 것이다.

첫째 질문은 다음에 이어지는 역설로 입증 가능하다. 내가 여러분에게 한 명은 이 순간부터 동굴에 살며 고문을 받아야 하며, 나머지 한 명은 동굴 외부에서 영원토록 즐기며 살도록 판결을 받은 완벽하게 구별 가능한 두 사람을 보여준다고 가정하자. 만약 내가 여러분에게 두 사람이 잠을 잘 때 그들을 바꿔버리면 괜찮을까 물으면 여러분은 괜찮다고 말하거나 적어도 그들이 교환될 수 없는 특별한 이유를 알지 못할 것이다. 그러나 이제 내가 그 질문을 수정하여 말하길, 동굴 외부에서 사는 사람이 여러분이라고 가정할 경우 앞서와 같이 두 사람을 교환한다면 괜찮을까? 여러분은 '아니요, 괜찮지 않을 겁니다' 라고 말할 것이다. 그러나 여러분이 오로지 '주관적인 세계'만 존재한다고 믿는다면 여러분은 논리적으로 어떻게 이를 정당화할 수 있을까? 에르빈 슈뢰딩거(Erwin Schrödinger)가 《정신과 물질(Mind and matter)》에서 언급한 것처럼, 고대 인도의 상키아 학파에서 유사한 문제를 제기한 바 있다.

퀄리아에 관한 둘째 질문의 사례로 물리적으로 서로 다른 차원인 시각적인 측면에서의 파장과 청각적인 측면에서의 음조로부터 얻는 경험의 형태를 살펴보자. 파장은 연속적인 차원임에도 우리는 질적으로 구분이 뚜렷한 4가지 색(빨강, 노랑, 녹색, 파랑)을 경험한다. 이 4가지 색은 각각 원색으로 다른 색으로부터 만들어지거나 다른 색 사이에 있지도 않다. 4가지 색 가운데 인접한 색은 서로 섞을 수 있다. 예를 들어 우리는 빨간색과 노란색을 섞어 오렌지색을 만들 수 있으며, 빨간색과 파란색을 섞어 보라색을 만들 수 있다. 그러나 인접하지 않은 색은 물과 기름처럼 섞이지 않는다. 파란색 계통의 노란색이나 빨간색 계통의 녹색은 상상하기조차 어렵다. 따라서 색 감각은 4가지 섞이지 않는 통으로 나눌 수 있다. 그러나 음파의 파장은 이와는 다르다. 우리는 매우 낮은 음에서부터 매우 높은 음까지 하나의 연속선상에서 퀄리아의 중단 없이 전체 영역을 듣는다.

이 모든 것이 명확하지만 그래야만 하는 이유는 무엇일까? 그 이유가 색이 눈 속에서 빨간색, 녹색, 파란색에 대해 3개의 수용체와 4개의 신경 채널을 사용하여 암호화한 방식 때문이라고 말하는 것은 퀄리아가 4개의 추가적인 기본 감각으로 나뉘어야 하는 이유를 설명해 주지는 못한다. 예를 들어 원뿔세포(cone)의 3가지 색의 구성비를 계산하여 일단 파장 정보가 추출되면, 이론상 그 정보는 뇌에서 표현될 수 있으며, 우리가 음조를 통해 경험하듯 하나의 연속성으로서 주관적으로 경험된다. 다른 형태의 경험이 파장과 음조에 적용된다는 사실은 퀄리아가 부수현상이 아니라 진화론적인 기능을 가지고 있어야만 한다는 점을 뒷받침한다. 먹을 수 있는 과일(빨간색), 먹을 수 없는 과일(녹색) 대 먹을 수 있는 잎(녹색) 혹은 성적으로 수용 가능한 암컷 유인원의 엉덩이(빨간색과 파란색) 등과 같이 사물을 표시하고 말할 때 사용하는 기억 보조도구로서 말이다.

음조는 이와 똑같은 방식으로 사물을 표시하는 데 사용되지 않는다. 이것은 색 퀄리아의 구분에 대한 억지 주장이다. 그러나 이런 주제를 논할 때 억지 주장을 펼치지 않을 수 없다(Crick, 1994; Ramachandran and Hirstein, 1997; Crick and Koch, 1998 참고). 리처드 도킨스(Richard Dawkins)는 반향 위치를 감지하여 물체와 그 물체의 표면 상태를 볼 수 있는 박쥐가 청각으로 표면 상태를 경험하고 그 표면 상태를 알 때 색 표식을 사용할 수 있는지 나에게 물었다. 비합리적인 제안은 아닌 듯하다.

반성적 의식에 대한 또 다른 견해는 원래 그것이 타인의 마음을 모사하는 일을 돕기 위해 발현되었다는 것이다. 이런 견해는 내가 케임브리지에서 조직한 컨퍼런스에서 닉 험프리(Nick Humphrey)가 최초로 주장했다(Josephson and Ramachadran, 1979). 데이비드 프리맥(David Premack)과 마크 하우저(Marc Hauser)도 이와 유사한 아이디어를 제안한 바 있다. 동일한 컨퍼런스에서 호레이스 발로는 언어와 의식의 밀접한 연관성을 주장했다.

퀄리아는 자아의식을 필요로 하지만 우리가 일반적으로 이해하는 발달된 언어를 필요로 한다는 사실은 받아들이기가 어렵다. 같은 케임브리지 컨퍼런스에서 내가 지적하였듯이, 일반적인 퀄리아와 특별한 색들은 이들을 묘사하기 위해 사용된 단어보다 훨씬 더 잘 다듬어져 있다.

4 육체 이탈을 경험하는 동안 바늘에 찔린다면 그 환자가 어떻게 반응하는지 관찰하는 일은 흥미롭다. 피부전류반응은 나타날까? 환자가 고통을 느끼거나 혹은 고통을 겪지만 자신이 마치 구경꾼인 것처럼 단순히 그 실험과는 무관하다고 느낄까? 육체 이탈을 경험하는 케타민(마취제)에 취한 환자의 경우는 어떨까?

5 언어의 의미론적 측면과 밀접하게 관련된 또 하나의 능력은 오프라인 상태인 여러분의 뇌 속에 심어진 사물의 시각적 이미지를 조작하는 능력, 즉 상징조작이다.

이를 입증하기 위해 사고실험을 제안하고자 한다(철학자들의 사고실험과는 달리 실제로 실현가능하다). 내가 여러분에게 바닥 위에 크기가 다른 3개의 상자와 천장에 매달려 있는 값비싼 물건을 보여준다고 가정해보자. 여러분은 그 물건을 차지하기 위해 곧바로 3개의 상자 가운데 가장 큰 상자를 바닥에 놓고 크기 순서대로 쌓아올린 다음 그 위로 올라갈 것이다.

침팬지도 풀 수 있는 문제다. 아마도 상자의 물리적 특성을 알아내기 위해서는 시행착오를 겪겠지만.

그러나 이제 이 실험을 수정해보자. 3가지 형광색을 사용하여 큰 상자에는 붉은색 점, 중간 크기의 상자에는 푸른색 점, 작은 상자에는 초록색 점을 추가하고 그 상자들을 바닥 위에 늘어놓아 둔다. 우선 나는 여러분을 그 방으로 데리고 가서 어떤 상자에 어떤 색깔의 점이 있는지 기억할 수 있을 정도로 충분한 시간 동안 상자들을 보게 할 것이다. 그런 다음 형광색 점만 볼 수 있도록 불을 끌 것이다. 마지막으로 빛이 나는 값비싼 물건을 그 방으로 가져와서 천장에 매달 것이다. 여러분의 뇌가 정상적이라면 망설이지 않고 붉은색 점이 있는 상자를 바닥에 놓고, 푸른색 점이 있는 상자는 그 위에 올리고, 초록색 점이 있는 상자를 가장 위쪽에 놓은 뒤 그 위로 올라갈 것이다. 즉 인간인 여러분은 단어에 가까운 자의적인 상징을 창조할 수 있으며, 해결책을 찾기 위해 뇌 속에서 가상현실 시뮬레이션을 통해 그 상징을 완전하게 조작할 수 있다. 여러분에게 처음에는 붉은색과 초록색 점으로 표시된 상자를 보여주고, 그 다음 푸른색과 초록색 점으로 표시된 상자를 보여준 다음 붉은색과 초록색으로 표시된 상자를 보여준다고 할지라도 여러분은 같은 문제를 해결할 수 있을 것이다(물론 두 개의 상자만으로도 그 값비싼 물건에 한층 더 가까이 다가갈 수 있다). 나는 붉은색 점이 있는 상자가 푸른색 점이 있는 상자보다 더 크고 푸른색 점이 있는 상자가 초록색 점이 있는 상자보다 더 크다면 붉은색 점이 있는 상자가 초록색 점이 있는 상자보다 더 커야 한다는 조건을 이용하여 이행성(移行性)을 확립하고자 여러분의 두뇌에 심어진 상징을 완전하게 조작할 수 있다고 확신한다. 그리고 난 후 여러분은 상자의 상대적인 크기를 볼 수는 없지만 그 값비싼 물건을 갖기 위해 어둠 속에서도 붉은색 점이 있는 상자 위에 초록색 점이 있는 상자를 쌓을 것이다.

원숭이는 오프라인 상태에서 언어의 토대인 소쉬르적인 (자의적) 기호를 조작할 수 있어야만 가능한 이런 작업을 십중팔구 수행하지 못할 것이다. 오프라인 상태에서 '만약/그렇다면'과 같은 조건을 사용하는 데 필요한 요구사항은 어느 정도일까? 언어를 전혀 이해하지 못하는 베르니케영역 언어상실증 환자에게 이런 실험을 한다면 어떤 결과가 나올까? 아니면 '만약/그렇다면'과 같은 문법적 기능을 가진 개념을 이해하는 데 장애가 있는 브로카영역 언어상실증 환자에게 같은 실험을 한다면 어떤 결과가 나올까? 이런 실험은 정의하기 어려운 언어와 사고의 경계점을 연구하는 데 크게 기여할 것이다.

'만약/그렇다면' 같은 조건을 요구하는 체스를 두고, '존과 매리는 둘이 합쳐 9개의 사과를 가지고 있다. 존은 매리가 가진 사과의 2배를 가지고 있다. 그렇다면 각각 몇 개의 사과를 가지고 있을까?' 같은 식의 약식이나 정식 대수학을 계산하거나 컴퓨터 프로그래밍을 할 수 있는 능력은 어디서 나오는 것일까? 베르니케영역 언어상실증 환자와 브로카영역 언어상실증 환자가 병이 발병하기 전에는 훌륭한 체스 선수나 수학자 혹은 프로그래머였다고 가정한다면 그들이 지금도 그런 일을 할 수 있을까? 무엇보다 정식 대수학에도 일종의 체계가 있으며, 컴퓨터 프로그래밍에도 물론 자체 언어가 있다. 그러나 보통 언어와 비교해서 정식 대수학과 컴퓨터 프로그래밍은 언어의 경우 발생하는 동일한 뇌 메커니즘을 어느 정도 자극할까?

그러나 이 모든 것이 과잉은 아닐까? 결국, 우리들 대부분은 '만약/그렇다면' 같은 조건을 사용하여 명확하지 않아도 시각적 이미지를 조작할 수 있다. 언어를 연상시키는 이유는 무엇일까? 그러나 여기서 우리는 반성 때문에 스스로 기만당하는 일이 없도록 조심해야 한다. 즉 시각적 상징을 조작하고 있다고 느끼는 것조차 여러분이 인식하지도 못한 채 언어의 특정 측면과 동일한 신경 메커니즘을 암묵적으로 사용하고 있는 것일지 모를 가능성이 높다.

6 이런 '표현의 표현'에 대한 의견이 끝없는 퇴보를 야기하지 않을까? 게다가 여러분은 두 번째 표현에 대한 세 번째 표현을 필요로 하지 않을까?

반드시 그런 것만은 아니다. "그가 나의 자동차를 훔쳤다는 것을 내가 알고 있고, 그 사실을 그가 알고 있음을 내가 알고 있다"는 문장을 살펴보자. 이 문장은 나의 표현에 대한 그의 표현에 대한 표현을 의미한다. 그러나 내가 더 표현을 한다면 비록 그 횟수를 계산함으로써 알 수 있겠지만 머릿속의 표현을 한 번에 제어할 수 없게 되고 메아리처럼 서서히 사라져버릴 것이다. 한 번의 메타표현만으로도 이미 거대한 진보를 의미한다. 그리고 이미 기억하고 의도할 수 있는 시간이 제한적이라면 단순히 다루기 힘든 한계를 극복할 수 있는 능력을 계발하려는 진화론적인 선택에 아무런 압력도 가해지지 않았을지도 모른다. 의식의 용량은 우리가 일반적으로 인식하고 있는 것보다 훨씬 더 한정적이다.

7 퀼리아, 언어, 사고에 처리 가능한 큰 덩어리의 입력을 제공하는 것이 정확하게 무엇을 수반하는 것인가? 이제 우리는 중간지대, 유인원의 지적 활동을 인간의 의식과 자아 인식 속으로 변형시키는 진화의 마법 단계에 들어선다. 나는 《라마찬드란

박사의 두뇌실험실》에서 퀄리아와 연관된 신경 활동의 4가지 기능적 특성이 있음을 제안했다. 퀄리아의 4가지 법칙은 다음과 같다. (1)명백성, (2)명확한 의미 혹은 의미론적 함축의 환기, (3)단기 기억, (4)주의.

《라마찬드란 박사의 두뇌실험실》에서 첫 번째는 상세히 설명했기 때문에 여기서는 나머지 3가지 법칙을 짧게 요약하고자 한다. 양쪽 하반신이 마비된 환자는 무릎무조건반사에 반응한다. 환자의 힘줄을 두드리면 무릎반사를 일으키지만 퀄리아를 경험하지는 못한다. 척추에 의해 처리되는 감각이 단 하나의 결과, 즉 다른 곳에서는 사용될 수 없는 근육 수축에만 연결되어 있기 때문이다. 반면, 페인트의 노란 점을 보는 것처럼 퀄리아가 담겨 있는 지각 인식의 결과는 '바나나' '노란 이빨' '레몬' '노란색' 같은 연관성의 경계처럼 많은 암시를 내포하고 있다. 이런 많은 암시들은 여러분에게 띠고랑과 다른 전두엽 구조에 의해 명령된 현재 요구사항을 명백하게 만들기 위해 어떤 '함축적 의미'를 선택할 것인지와 같은 선택의 다양성을 제공한다. 예를 들어 작동 중인 기억(법칙3) 속에서 여러분이 정보를 띠고랑을 이용하는 주의력(법칙4)을 전개시킬 수 있을 정도로 오랫동안 쥐고 있기를 요구하는 선택이 있을 수 있다. 퀄리아의 4가지 특성에 대한 우리의 실험은 선택에 의해 완성된다.

이런 기준을 설명함으로써 얻게 되는 장점은 여러분이 각 기준을 어떤 시스템에 적용시켜서 그 시스템이 퀄리아와 반사적 자아 인식을 즐기는지 아닌지를 결정하는 데 사용할 수 있다는 점이다. (예를 들어, 몽유병환자도 그런 기준을 가지고 있을까?) "파리지옥풀은 입을 다물 때 감각적인 '곤충의 특질'을 경험할까?"(그렇지 않다.) "온도계는 온도 특질을 가지고 있을까?" 등등과 같은 어리석은 질문을 제거할 수 있다. "바이러스가 정말 살아 있을까?"라는 질문이 왓슨/크릭 이후 분자생물학자에게 그런 것처럼, 그런 질문은 신경과학자에게는 아무런 의미도 전달하지 못한다.

자아는 망상일 뿐이라는 신경과학자와 인도의 신비주의자의 주장이 유행하고 있지만, 그것이 사실이라면 어떻게 환상이 발생하는지 증명할 책임이 우리에게 있는 것이다. 이 문제에 관한 가장 명백한 해석은 자아의 감각과 퀄리아 모두 뇌의 두 반구 사이를 왔다 갔다 하는 집중력과 연관이 있을 것이라는 독창적인 제안을 한

졸탄 토레이(Zoltan Torey)에게서 찾을 수 있다. 내가 이번 장에서 한 것처럼 토레이와 데이비드 달링(David Darling)은 언어와 반성적 자기 인식 사이의 연관성을 연구했다(Torey, 1999; Darling, 1993). 특히, 토레이의 책에는 이 같이 많은 문제에 대한 새로운 통찰력으로 가득 차 있다.

8 마르셀 킨스본(Marcel Kinsbourne), 잭 페티그루(Jack Pettigrew), 마이크 가자니가(Mike Gazzaniga), 조 보겐(Joe Bogen), 로저 스페리(Roger Sperry)는 인간의 의식에 관한 연구에서 뇌 반구 세분화의 핵심적인 역할을 강조했다.

몇 년 전에 윌리엄 허스테인과 나는 (예를 들어 피실험자 A가 B에게 거짓말을 하라고 지시를 내린 후 피실험자 B에게 틀린 답을 비음성적인 신호로 보냄으로써) 분할 뇌 환자의 비음성적인 우뇌반구가 거짓말을 할 수 있다는 사실, 즉 거짓말 하는 데 꼭 언어가 필요한 것은 아님을 입증하는 연구 결과를 발표했다. 그러나 우뇌반구에는 문장 체계란 것이 존재하지도 않으며 말을 할 수도 없음에도 불구하고 그것은 원시언어, 즉 기본적인 의미론과 뭔가를 '언급하는' 합리화된 어휘 사전을 가지고 있다는 사실을 명심하자.

마지막으로 해답을 얻는 단 한 가지 방법은 좌뇌반구에 존재하는 베르니케 언어 영역에 손상을 입어 뇌졸중에 걸린 분할 뇌 환자의 좌뇌반구를 검사하는 것이다. 환자의 좌뇌반구가 오프라인 상징조작과 반성적인 자아 인식을 할 수 있을까? 그리고 좌뇌반구가 거짓말을 할 수 있을까?

우리는 우뇌반구를 서로 독립적으로 동일한 절차, 주로 말로써가 아니라 왼쪽 손으로 3가지 추상적인 형태 가운데 하나를 선택함으로써 우리에게 예, 아니오, 혹은 '몰라요'로 의사소통할 수 있도록 훈련시킴으로써 두 반구의 특징과 심미적인 기호를 검사했다. 환자 LB의 우뇌반구는 무신론자라는 신호를 보내오는 반면에 좌뇌반구는 신을 믿는다고 신호를 보냈을 때 우리가 얼마나 놀랐을지 상상해보라. 각 실험 결과의 일관성이 증명되어야 하지만 최소한 두 반구가 동시에 모순적인 견해를 가질 수도 있음을 보여준다. 이 환자가 죽으면, 한쪽 반구는 지옥에 다른 한쪽은 천당으로 가게 될까?

용어 설명

용어 설명을 재구성할 수 있도록 허락해준 미국신경학회에 감사의 말을 전한다. 약간의 수정을 가했다.

각막(cornea) 눈의 전면에 있는 얇고, 곡선형의 투명막. 시각을 위한 초점 형성 과정의 출발점.

감마아미노부티르산(GABA: gamma-amino butyric acid) 신경세포의 반응을 억제하는 것이 뇌 속에서의 1차 기능인 아미노산 전달물질

고전적 조건화(classical conditioning) 자연적으로 특정 반응(무조건 자극)을 생성하는 자극과 중립 자극(조건 자극)이 반복적으로 쌍을 이루는 것.

공감각(synesthaesia) 문자 그대로 소리나 숫자에서 모양을 감지하거나 색을 볼 수 있는 사람에게서 나타나는 현상. 공감각은 단지 시인들이 은유법을 사용하듯이 경험들을 묘사하는 식이 아니다. 공감각자들은 실제로 그런 감각들을 경험한다.

교감신경계(sympathetic nervous system) 스트레스와 각성 기간 동안 신체의 에너지와 자원 동원 역할을 하는 자율신경계의 일종.

교뇌(pons) 호흡과 심장 박동을 조절하는 마름뇌(능형뇌)의 일부. 교뇌는 전뇌가 척수와 말초신경계에 정보를 주고받는 주요 경로이다.

글루탐산(glutamate) 신경세포를 흥분시키는 아미노산 신경전달물질. 글루탐산은 N-메틸-D-아스파라진산염(NMDA) 수용체를 자극하는 것으로 보인다. NMDA 수용체를 자극하는 것은 이로운 변화를 증진시키는 일이 될지도 모르지만 반면, 과다자극은 신경세포 손상이나

신경외상과 뇌졸중으로 인한 사망을 초래할 수도 있다.

기억강화(memory consolidation) 뇌가 정보를 영원히 기억하기 위해 정보를 조직화하고 재구성할 때 나타나는 물리적, 생리적 변화

기저핵(basal ganglia) 꼬리핵, 조가비핵, 창백핵, 흑색질을 포함하는 신경세포 덩어리.

길항제(antagonist) 수용체를 차단하는 약물이나 그 외 분자물질. 길항제는 작용제의 효과를 억제한다.

난포자극호르몬(follicle-stimulating hormone) 뇌하수체에서 분비되는 일종의 호르몬. 난포자극호르몬은 남성의 경우 정자의 생성을 자극하고 여성의 경우는 난자를 생성하는 난포의 성장을 자극한다.

내분비기관(endocrine organ) 어떤 다른 기관의 세포 활동을 조절하기 위해 직접적으로 혈류 속에 호르몬을 분비하는 기관.

노르에피네프린(norepinephrine) 뇌와 말초신경계 양쪽 모두에서 생성되는 카테콜라민 신경전달물질. 노르에피네프린은 각성, 수면과 분위기의 보상(reward)과 조절, 혈압 조절에 관여하는 것 같다.

뇌간(brainstem) 전뇌가 척수 및 말초신경에 정보를 주고받는 주요 통로. 뇌간은 무엇보다도 호흡과 심장의 리듬 조절을 통제한다.

뇌량(corpus callosum) 대뇌반구의 왼쪽과 오른쪽을 연결하는 커다란 신경섬유 다발.

뇌수도관 주위 회색 영역(periaqueductal grey area) 시상과 교뇌 속에 있는 신경세포의 무리. 이 영역은 엔돌핀 생성 신경세포과 아편수용체 위치를 담고 있다. 따라서 통증에 영향을 줄 수 있다.

뇌실(ventricles) 4개의 뇌실 가운데 상대적으로 큰 공간이 뇌척수액으로 가득 차 있는 3개의 뇌실은 뇌에 있으며, 나머지 하나는 뇌간에 있다. 가장 큰 2개의 가쪽내실(측내실)은 반구에 하나씩 뇌간 위에 대칭적으로 위치하고 있다.

뇌졸중(stroke) 서양에서 주요 사망원인인 뇌졸중은 뇌에 혈액 공급이 저해되는 현상. 뇌졸중은 혈관 내부에 형성된 응혈, 혈관벽 파열, 응혈이나 그 외 물질에 의해 발생한 순환 방해, 혹은 (종양에 의한 것처럼) 혈관에 미치는 압력으로 인해 유발될 수 있다. 혈액에 의해 운반된 산소가 고갈되면 영향을 받은 영역의 신경세포는 기능을 하지 못하고 죽는다. 따라서 그 신경세포들이 맡았던 신체 부위는 제 기능을 다할 수 없다. 뇌졸중은 의식과 뇌 기능 상실 및 사망으로 이어질 수 있다.

뇌척수액(cerebrospinal fluid) 뇌실(ventricle)과 척수의 중심관(central canal)에서 발견되는 액체.

뇌하수체(pituitary gland) 시상하부와 밀접한 연관을 가진 내분비기관. 인간의 경우, 뇌하수체는 두 개의 엽(葉)으로 구성되어 있으며, 신체 내의 다른 내분비기관들의 활동을 조절하는 여러 가지 호르몬을 분비한다.

뉴런(neuron) 신경세포. 정보 전달이 목적이며, 축삭이라는 긴 섬유 돌출물과 수상돌기라는 더 짧은 가지 형태의 돌출물로 구성.

단기기억(short-term memory) 제한된 양의 정보가 단 몇 초에서 몇 분까지 유지되는 기억의 양상.

달팽이관(cochlea) 청각을 생성하기 위해 신호를 신경 전달하고, 달팽이 모양이며 액체로 가득 찬 속귀에 있는 기관.

대뇌피질(cerebral cortex) 뇌의 대뇌반구 가운데 최외곽층. 지각, 감정, 사고, 계획 등 모든 형태의 의식적인 경험을 관장하는 곳이다.

대뇌반구(cerebral hemispheres) 2개의 특화된 뇌의 반구. 좌뇌반구는 말, 쓰기, 언어, 계산 능력을 관장하며, 우뇌반구는 공간지각력, 시각에 의한 얼굴 인식, 음악과 관련된 능력과 관련이 있다.

대사(metabolism) 유기체 내부에서 발생하는 모든 물리적, 화학적 변화와 살아 있는 세포 속에서 발생하는 모든 에너지 변환의 총체.

도파민(dopamine) 작용하는 위치에 따라 복합 기능을 수행하는 것으로 알려진 일종의 카테콜라민 신경전달물질. 뇌간의 흑색질에 있는 도파민을 함유한 신경세포는 꼬리핵까지 돌출해 있으며, 파킨슨병에 걸린 환자들에게서는 파괴된 것으로 나타난다. 도파민은 감정적인 반응을 조절하며 정신분열증과 코카인 남용에 중요한 역할을 하는 것으로 사료된다.

두정엽(parietal lobe) 대뇌피질의 각 반구의 4가지 영역(측두엽, 두정엽, 후두엽, 전두엽) 가운데 하나로 감각과정(sensory process), 집중력, 언어와 연관이 있다.

막대세포(rod) 망막 주변에 위치한 감각신경세포. 막대세포는 낮은 강도의 빛에도 민감하며, 야간 시력에 특화된 세포이다.

말초신경계(Peripheral nervous system) 뇌 혹은 척수에 있지 않은 모든 신경으로 구성된 신경계 부문.

맹시(blindsight) 뇌 손상으로 실제로는 앞을 볼 수 없는 환자 가운데 일부는 사물을 볼 수 없다면 불가능해 보이는 일을 수행할 수 있다. 예를 들어 이들은 손을 뻗어서 사물을 붙잡을 수 있으며, 막대기의 위치가 수직인지 수평인지 정확하게 설명하거나 좁은 구멍에 편지를 집어넣을 수 있다. 따라서 뇌에서 시각 정보가 두 가지 통로를 따라 전달되는 것으로 보인다. 하나의 통로에 손상을 입은 환자는 사물을 보는 능력은 상실하지만 사물의 위치와 방향은 알아

볼 수 있다는 말이다.

맹점(blindspots) 맹점은 여러 가지 인자로 말미암아 생성될 수 있다. 사실상 누구나 시각시경(혹은 시신경)이 연결된 망막 영역에 작은 맹점을 가지고 있다. 이런 맹점은 종종 주변 시각 영상에 기반을 둔 정보를 활용하는 뇌에 의해 충전된다. 일부 사례에 따르면 어떤 환자는 자신의 맹점에서 아무런 연관성이 없는 영상들을 본다고 한다. 또 다른 환자의 경우 만화 속의 인물을 본다는 보고도 있었다.

멜라토닌(melatonin) 세로토닌으로부터 생성된 멜라토닌은 솔방울샘에 의해 혈류에 방출된다. 멜라토닌은 시간과 명암 주기와 관련된 생리적인 변화에 영향을 미친다.

모노아민 산화효소(MAO: monoamine oxidase) 카테콜라민, 노르에피네프린, 세로토닌, 도파민을 정상적으로 파괴하는 뇌와 간의 효소.

미토콘드리아(mitochondria) 당과 산소를 특별한 에너지 분자로 전환시킴으로써 세포를 위한 에너지를 제공하는 세포 내부의 실린더 형태의 작은 입자들.

민감화(sensitisation) 일반적으로 독처럼 강한 자극으로 생성된 유기체의 행동이나 생물학적인 반응의 변화.

배각(dorsal horn) 말초통증수용체에서 뻗어 나온 수많은 신경섬유가 위로 향한 다른 신경섬유와 만나는 척수의 한 영역.

베르니케영역(Wernicke's area) 언어의 이해와 의미를 가진 말을 하는 것과 연관된 뇌 영역.

변연계(limbic system) 편도, 해마, 사이막(중격), 기저핵과 같은 뇌 구조물들의 집합체로 감정, 기억, 일부 움직임을 조절하는 것을 돕는다.

부교감신경(parasympathetic nervous system) 이완된 상태에서 신체의 에너지와 자원의 보존에 관여하는 자율신경계의 일부.

부신수질(adrenal medulla) 교감신경계를 활성화시키는 에피네프린과 노르에피네프린을 분비하는 내분비기관.

부신피질(adrenal cortex) 신장에서 나트륨을 축적하는 데 필요한 알도스테론(altosterone), 남성의 성 발달(혹은 성 기능 발달)에 필요한 안드로겐, 여성의 성 발달에 필요한 에스트로겐 등 대사 기능에 필요한 코르티코스테로이드(corticosteroid)를 분비하는 내분비기관.

브로카영역(Broca's area) 말을 생성하는 데 중요한 좌뇌반구의 전두엽에 위치한 뇌 영역

생식선(gonad) 1차 성 생식샘. 남성은 고환, 여성은 난소.

성장원뿔(growth cone) 축삭의 성장 말단의 구조물로 새로운 물질이 축삭에 첨가되는 위치이다.

세로토닌(serotonin) 온도 조절, 감각적 인지, 졸음에 국한된 것이 아니라 이들을 포함한 많은 역할을 하는 것으로 알려진 모노아민 신경전달물질. 전달물질로 세로토닌을 이용하는 신경세포는 뇌와 위에서 발견된다. 여러 가지 항우울제 약품들이 뇌의 세로토닌 시스템을 목표물로 한다.

세포소기관(organelles) 세포 내의 작은 구조물로 세포들을 지탱하고 세포의 일을 대신함.

솔방울샘(pineal gland) 뇌에 있는 내분비기관. 일부 동물의 경우, 솔방울샘은 빛의 영향을 받은 생체시계로 작용하는 것으로 보인다.

수상돌기(dendrite) 나무같이 생긴, 신경세포 본체의 연장 부위. 세포 본체를 따라 다른 신경세포로부터 정보를 받아들인다.

수용체분자(receptor molecule) 세포의 표면과 내부에 특징적인 화학적, 물리적 구조를 가진 특정 분자.

수용체세포(receptor cell) 감각 정보를 실어 전달하는 역할로 특화된 감각세포

수초(myelin) 일부 신경세포의 축삭을 둘러싸서 절연 효과를 일으키는 지방물질.

시냅스(synapse) 정보를 하나의 신경세포에서 다른 신경세포로 전달하는 역할을 하는 두 신경세포 사이의 연접부.

시상(thalamus) 뇌 깊숙한 부분에 위치한 호두 크기 정도되는 2개의 달걀 모양의 신경조직 덩어리로 구성된 구조물. 뇌로 들어가는 신호 가운데 중요한 특정 신호만 걸러내는, 뇌로 흘러가는 감각 정보를 위한 핵심 중계소이다.

시상하부(hypothalamus) 다양한 기능의 수많은 핵으로 구성된 뇌의 복잡한 구조물. 시상하부는 내부기관의 활동을 조절하고, 자율신경계로부터 전달되는 정보를 감시하고 뇌하수체를 관리한다.

신경성장인자(nerve growth factor) 배 발생 과정에서, 특히 말초신경계 내에서 신경세포의 성장을 유도하는 역할을 하는 물질.

신경전달물질(neurotransmitter) 수용체를 통해 정보를 전달할 목적으로 시냅스에서 뉴런에 의해 방출되는 화학물질.

아교세포(glia) 뉴런을 보호하고 지원하는 세포.

아드레날린(adrenaline) 에피네프린 참고

아미노산 전달물질(amino acid transmitters) 뇌 속에 가장 많이 분포하는 신경전달물질. 흥분작용을 일으키는 글루탄산염과 아스파라진산염, 억제작용을 하는 글리신과 감마아미노부티르산이 아미노산 전달물질에 속한다.

아세틸콜린(Acetylcholine) 기억 조절을 돕는 뇌와, 골격근과 평활근의 움직임을 조절하는 말

초신경계에 존재하는 신경전달물질.

안드로겐(androgens) 테스토스테론 등 여성보다 남성에게서 더 높은 농도로 분비되는 성 스테로이드 호르몬.

억제(inhibition) 신경세포의 경우 수용세포(recipient cell)가 발화되는 것을 방지하는 시냅스의 메시지

언어상실증(aphasia) 언어 이해 혹은 생성 장애를 말하며, 때로는 뇌졸중에 의해 발생하기도 한다.

에스트로겐(estrogens) 남성보다 여성에게서 더 많이 발견되는 성 호르몬 그룹으로 여성의 성적인 성숙과 그 외 다른 기능에 작용한다.

에피네프린(epinephrine) 부신수질과 뇌에 의해 분비되며 자율신경계의 교감영역을 활성화하기 위해 노르에피네프린과 함께 작용하는 일종의 호르몬. 때로는 아드레날린이라고도 한다.

엔도르핀(endorphins) 모르핀에 의해 생성된 것과 비슷한 세포 효과 및 행동 효과를 발휘하는 물질로 뇌에서 생성되는 신경전달물질.

운동뉴런(motor neuron) 중추신경계로부터 근육까지 정보를 나르는 신경세포.

원뿔세포(cone) 시각을 위해 필요하며, 망막에 있는 1차 수용체 세포. 원뿔세포는 색에 민감하여 기본적으로 낮에 제 기능을 한다.

유발전위(evoked potentials) 감각적 자극에 응하는 뇌의 전기적 활성도 측정. 두피 혹은 드물지만 머리 내부에 전극을 위치시킨 후 반복적으로 자극을 준 다음 컴퓨터로 그 결과를 측정한다.

이온(ions) 전기적으로 전하를 가진 원자나 분자.

2차 전령물질(second messengers) 최근 알려진 물질로 하나의 뉴런에서 다른 부위간의 소통을 촉진시킨다. 이와 같은 화학물질들은 신경전달물질의 생산 및 방출, 세포 내 움직임, 탄수화물대사는 물론 성장과 발달 과정에 관여하는 것으로 생각된다. 2차 전령물질이 세포의 유전물질에 미치는 직접적인 효과는 기억과 같은 장기적인 행동 변경으로 이어질 수 있다.

인산화(phosphorylation) 이온채널, 신경전달물질 수용체 혹은 그 외 조절분자(regulatory molecule)에 작용하는 신경세포의 특징을 수정하는 과정. 인산화 과정 동안 수용 분자의 활성화나 비활성화를 유발하며 한 인산 분자가 다른 인산 분자에 위치한다. 이는 수용 분자의 기능적인 활동의 변화로 이어질 수도 있다. 인산화는 일부 신경전달물질이 작용하게 하는 필수 단계로 간주되며, 종종 2차 전령 활동의 결과이기도 하다.

인식(cognition) 유기체가 어떤 환경에서 사건이나 사물에 관한 지식을 획득하거나 알게 되고 그 지식을 이해와 문제 해결을 위해 활용하는 과정이나 과정들.

자극(stimulus) 감각수용체가 감지할 수 있는 주위 사건.

자율신경계(autonomic nervous system) 내부기관(장기)의 활동을 조절하는 말초신경계의 일부분. 자율신경계에는 교감신경계와 부교감신경계가 있다.

작용제(agonist) 수용체가 바람직한 반응을 하도록 수용체들을 자극하는 신경전달물질, 의약품 혹은 그 외 분자.

장기기억(long-term memory) 정보 저장이 한 시간 이상에서 평생까지 가는 기억의 최종 단계.

재흡수(reuptake) 방출된 신경전달물질이 일련의 결과로 다시 사용되기 위해 흡수되는 과정.

전두엽(frontal lobe) 대뇌피질의 각 반구의 4가지 영역(측두엽, 두정엽, 후두엽, 전두엽) 가운데 하나로 움직임을 조절하며, 그 외 피질 영역의 기능들과 연관이 있다.

전뇌(forebrain) 뇌의 가장 큰 영역으로 대뇌피질과 기저핵을 포함한다. 최상의 지적 기능을 수행하는 것으로 알려져 있다.

정동정신병(affective psychosis) 기분 상태에 관련된 정신질환. 정동정신병은 일반적으로 환자의 삶에서 발생하는 일과는 무관한 우울증을 동반하는 것을 특징으로 한다.

조증(mania) 과대한 흥분에 의한 정신장애. 고양된 감정, 과대망상, 기분 좋은 상태, 정신운동 과활동(psychomotor overactivity), 과다한 아이디어 생산과 같은 형태의 정신병.

중증근력무력증(myasthenia gravis) 근육세포의 아세틸콜린 수용체가 파괴되는 질병으로 그 근육세포는 수축하라는 아세틸콜린의 신호에 아무런 반응도 할 수 없다. 중증근력무력증의 증상에는 근육 약화와 점진적으로 더욱 일반화되는 피로감 등이 있다. 그 원인은 알려지지 않았지만 남성보다 여성에게서 더 일반적이며 대개 20~50세 사이에서 나타난다.

즉각기억(immediate memory) 단 몇 초만 저장되는 정보처럼 극단적으로 생명주기가 짧은 기억.

질병인식불능증(anosognoia) 팔다리가 마비된 사람이 그 팔다리가 여전히 제 기능을 한다고 주장하는 증후군.

청신경(auditory nerve) 귀 속에 달팽이관과 뇌를 연결하는 신경섬유 다발로, 소리 정보를 전달하는 달팽이 신경과 균형감각과 연관된 정보를 전달하는 안뜰신경(정전신경)으로 구성.

축삭(axon) 신경세포가 대상 세포에게 정보를 보낼 때 사용하는 것으로 섬유와 같이 생긴 신경세포의 일부.

측두엽(temporal lobe) 대뇌피질의 각 반구의 4가지 영역(측두엽, 두정엽, 후두엽, 전두엽) 가운데 하나로 청각 인식, 대화, 복잡한 시각 인식 기능을 한다.

측두엽 간질(temporal lobe epilepsy) 도취된 자아감을 유발하고 종교적이거나 영적인 경험들과 연관되는 질환. 일부 사람들은 급격한 인격 변화를 겪을 수 있으며, 추상적인 생각에 사로잡힐 수 있다. 한 가지 가능한 설명은 반복된 간질은 뇌의 두 영역, 측두엽의 피질과 편도 사이의 연결고리를 강화시킬 수도 있다는 점이다. 간질 환자들은 자기 자신을 포함하여 주변의 모든 것에 매우 중요한 의미를 두는 경향을 보인다.

카테콜라민(catecholamines) 뇌와 말초교감신경계에서 활성을 띄는 신경전달물질인 도파민, 에피네프린, 노르에피네프린을 지칭. 이 3가지 분자는 구조적으로 유사하며, 모노아민이라는 신경전달물질의 대분류 가운데 일부에 속한다.

카프그라 망상(Capgras delusion) 가까운 친척, 일반적으로 부모, 배우자, 자녀 혹은 형제자매가 사기꾼이라고 확신하는 환자에게서 나타나는 희귀한 증후군. 얼굴 인식과 감정 반응을 담당하는 뇌 영역 사이의 연결고리 손상 때문에 발생하는 것으로 추정된다. 환자들은 자신이 사랑한 사람들의 얼굴을 인식하지만 이와 관련된 일반적인 감정 반응을 느끼지 못하는 듯하다.

코르사코프 증후군(Korsakoff s syndrome) 비타민 B-1 결핍으로 인한 만성 알코올중독과 연관된 질병. 환자들은 시상과 소뇌의 일부에 손상을 입는다. 신경에 염증 발생, 섬망, 불면증, 환상, 환각, 지속적인 기억상실 등의 증상으로 나타난다.

코르티솔(cortisol) 부신피질에 의해 만들어지는 호르몬. 사람의 경우, 낮 동안의 활동을 위해 신체를 준비시키기 위해 새벽에 가장 많은 양이 분비된다.

코타르 증후군(Cotard's syndrome) '살이 썩는 냄새가 나고 피부에 구더기가 기어다닌다'고 주장하며 자신이 죽었다고 단정하는 환자에게서 나타나는 장애. 카프그라 망상의 과장된 형태로 보이며, 예를 들어 얼굴 인식처럼 하나의 감각 영역이 아니라 전체 영역이 변연계와 단절된 형태.

콜레시스토키닌(cholecystokinin) 소화 초기 단계에 위의 내막에서 분비되는 호르몬으로 정상적인 음식섭취 과정의 강력한 억제제. 또한 뇌에서 발견되기도 한다.

퀄리아(qualia) 주관적인 감각을 일컫는 용어.

통각마비(pain asymbolia) 통각마비 환자는 예를 들어 손가락을 날카로운 바늘로 찔러도 고통을 느끼지 못한다. 때로는 고통을 느낄 수 있다고 말하는 환자가 있지만 실제로 아픈 것은 아니다. 환자들은 자신들이 바늘에 찔렸다는 사실을 알지만 일반적인 감정적인 반응을 경험하지 않는다. 이와 같은 증후군은 종종 섬피질(insular cortex)이라는 뇌의 일부 영역에 손상을 입었기 때문이다. 찔린다는 느낌이 뇌의 한 영역에서 받아들여지지만 그 정보는 다른 영역으로 전파되지 못한다. 일반적으로 이와 같은 경험을 위협으로 분류하는 사람들은 그 고통을 통해 회피반응을 촉진시킨다.

통각수용체(nociceptors) 동물의 경우 통증 신호를 보내는 신경 말단.

펩타이드(peptides) 신경전달물질이나 호르몬으로 작용할 수 있는 아미노산 사슬.

편도(amygdala) 변연계의 중요한 구성요소로 전뇌에 위치.

하루주기리듬(circadian rhythm) 대략 24시간 지속되는 행동이나 생리적인 변화 주기.

해마(hippocampus) 뇌의 내부에 위치하며, 변연계의 중요한 부분으로 간주되는 해마 모양의 구조물로 학습, 기억 및 감정에 관여한다.

호르몬(hormones) 대상세포의 활동을 조절하기 위해 내분비샘에 의해 분비되는 화학 전령 (chemical messenger). 호르몬은 성 발달, 칼슘과 골(骨) 대사, 성장, 그 외 수많은 활동에 관여한다.

홍채(iris) 동공을 확장하거나 수축시켜서 눈에 들어오는 빛의 양을 조절하는 근육을 가진 환형 가로막(횡경막). 홍채의 중앙에는 구멍이 있다.

환상사지(phantom limbs) 사고나 절단으로 사지를 잃은 사람이 때로는 사지가 원래대로 있는 것처럼 느낀다. 이런 현상은 새로운 연결고리를 형성하고 있는 뇌 때문인 것 같다.

활동전위(action potential) 활동전위는 하나의 신경세포가 활성화되어 일시적으로 그 신경 세포의 내막(interior membrane)의 전위상태가 음에서 양으로 바뀔 때 일어난다. 이때 전하는 축삭을 따라 이동하여 신경전달물질의 방출을 촉진하거나 억제하는 신경세포 말단까지 이동한 다음 소멸된다.

후두엽(occipital lobe) 대뇌피질의 각 반구의 4가지 영역(측두엽, 두정엽, 후두엽, 전두엽) 가운데 하나로 시력과 연관이 있다.

흥분(excitation) 향상된 활동전위 확률과 연관이 있는 신경세포의 전위 상태 변화.

■ Altschuler E., Wisdom, S., Stone, L., Foster, C. and Ramachandran, V. S. (1999). Rehabilitation of hemiparesis after stroke with a mirror, *Lancet* 353: 2035-2036

■ Armel, K. C. and Ramachandran, V. S. (1999). Acquired synesthesia in retinitis pigmentosa, *Neurocase* 5(4): 293-296

■ Baron-Cohen, S., Burt, L., Smith-Laittan, F., Harrison, J. and Bolton, P. (1996). Synaesthesia: prevalence and familiarity, *Perception* 25(9): 1073-1080

■ Berlin, B. (1994). Evidence for pervasive synthetic sound symbolism in ethnozoological nomenclature, in L. Hinton, J. Nichols and J.J. Ohala (eds.), *Sound symbolism*, New York: Cambridge University Press, chapter 6

■ Churchland, P. (1996). *Neurophilosophy*, Cambridge, MA: MIT Press
(2002). *Brain wise*: studies in neurophilosophy, Cambridge, MA: MIT Press

■ Clarke, S., Regali, L., Janser, R. C., Assal, G. and De Tribolet, N. (1996). Phantom face, *Neuroreport* 7: 2853-2857

■ Crick, F. (1994). *The astonishing hypothesis: the scientific search for the soul*, New York: Scribner

■ Crick, F. and Koch, C. (1998). Consciousness and neuroscience, *Cerebral Cortex* 8(2): 97-107

■ Darling, D. (1993). *Equations of eternity*, New York: MJF Books

■ Deacon, T. (1997). *The symbolic species*, Harmondsworth: Penguin

■ Domino, G. (1989). Synesthesia and creativity in fine arts students: an empirical look, *Creativity Research Journal* 2(1-2): 17-29

■ Ellis, H., Young, A. W., Quale, A. H. and De Pauw, K. W. (1997). Reduced autonomic responses to faces in Capgras syndrome, *Proceedings of the Royal Society of London* B 264: 1085-1092

■ Franz, E. and Ramachandran, V. S. (1998). Bimanual coupling in amputees with phantom limbs, *Nature Neuroscience* 1: 443-444

- Frith, C. and Dolan, R. (1997). Abnormal beliefs, delusions and memory; Conference presentation, Harvard conference on memory and belief
- Galton, F. ([1880]1997). Colour associations, in S. Baron-Cohen and J. E. Harrison (eds.), *Synaesthesia: classic and contemporary readings*, Oxford: Blackwell, pp. 43-48
- Greenfield, 5. (2002). *Private life of the brain*, Harmondsworth: Penguin
- Harris, A. J. (I999). Cortical origin of pathological pain, *Lancet* 354: 1464-1466
- Hirstein, W. and Ramachandran, W. S. (1997). Capgras syndrome, *Proceedings of the Royal Society of London* B 264: 437-444
- Humphrey, N. (1983). *Consciousness regained*, Oxford: Oxford University Press
- Hurley, S. and Noe, A, (2003). Neural plasticity and consciousness, *Biology and Philosophy* 18: 131-168
- Josephson, B. and Ramachandran, V. S. (1979). *Consciousness and the physical world*, Oxford: Pergamon Press
- La Cerra, P. and Bingham, R. (2002). *The origin of minds: evolution, uniqueness, and the new science of the self*, New York: Harmony Books
- Lakoff, G. and Johnson, M. (1999). *Philosophy in the flesh: the embodied mind and its challenge to western thought*, New York: Basic Books
- Lueck, C. J., Zeki, S., Fristori, K. J., Deiber, M. P., Cope, P., Cunningham, V. J,, Lammertsma, A. A., Kennard, C. and Frackowiak, R. S. (1989). The colour centre in the cerebral cortex of man, *Nature* 340: 386-389
- McCabe, C. S., Haigh, R. C., Ring, E. F., Halligan, P., Wall, P. D. and Blake, D. R. (2003). A controlled pilot study of the utility of mirror visual feedback in the treatment of complex regional pain syndrome (type 1), *Rehematology* 42: 97-101
- Melzack, R. (1992). Phantom limbs, *Scientific American* 266: 120-126
- Merikle, P., Dixon, M. J. and Smilek, D. (2002). The role of synaesthetic photisms on perception, conception and memory. Speech delivered at the 12th Annual Meeting of the Cognitive Neuroscience Society, San Francisco, CA, 14-16 April
- Merzenich, M. and Kaas, J. (1980). Reorganization of mammalian somatosensory cortex following peripheral nerve injury, *Trends in Neuroscience* 5: 434-436
- Miller, S. and Pettigrew, J. D. (2000). Interhemispheric switching mediates binocular rivalry, *Current Biology* 10: 383-392
- Nielsen, T. L. (1963). Volition: a new experimental approach, *Scandinavian Journal of Psychology* 4: 215-230
- Nunn, J. A., Gregory, L. J., Brammer, M., Williams, S. C. R., Parslow, D, M., Morgan, M. J., Morris, R. G., Bullmore, E. T., Baron-Cohen, S. and Gray, J. A. (2002). Functional magnetic

resonance imaging of synesthesia: activation of V4/V8 by spoken words, *Nature Neuroscience* 5(4): 371-375

- Pons, T. P., Garraghty, P. E., Ommaya, A. K., Kaas, J., Taub, E. and Mischkin, M. (1991). Massive cortical reorganization after sensory deafferentation in adult macaques, *Science* 252: 1857-1860

- Ramachandran, V. S. (1995). Anosognosia, *Consciousness and Cognition* 1: 22-46

  (2001). Sharpening up 'the science of art', *Journal of Consciousness Studies* 8(1): 9-29

- Ramachandran, V. S., Altschuler, E, and Hillyer, S. (1997). Mirror agnosia, *Proceedings of the Royal Society of London* B 264: 645-647

- Ramachandran, V. S. and Blakeslee, S. (1998). *Phantoms in the brain*, New York: William Morrow

- Ramachandran, V. S. and Hirstein, W. (1997). Three laws of qualia: what neurology tells us about the biological functions of consciousness, *Journal of Consciousness Studies* 4(5-6): 429-457

  (1998). The perception of phantom limbs; the D, O. Hebb lecture, *Brain* 121: 1603-1630

  (1999), The science of art: a neurological theory of aesthetic experience, *Journal of Consciousness Studies* 6(6-7): 15-51

- Ramachandran, V. S. and Hubbard, E. M. (200la). Psychophysical investigations into the neural basis of synaesthesia, *Proceedings of the Royal Society of London* B 268: 979-983

  (200lb), Synaesthesia-a window into perception, thought and language, *Journal of Consciousness Studies* 8(12): 3-34

  (2002). Synesthetic colors support symmetry perception, apparent motion, and ambiguous crowding. Speech delivered at the 43rd Annual Meeting of the Psychonomics Society, 21-24 November

  (2003). Hearing colors and tasting shapes, *Scientific American*, May: 52-59

- Ramachandran, V. S. and Rogers-Ramachandran, D. (1996). Denial of disabilities in anosognosia, *Nature* 377: 489-490

- Ramachandran, V. S., Rogers-Ramachanciran, D. and Stewart, M. (1992). Perceptual correlates of massive cortical reorganization, *Science* 258: 1159-1160

- Sathian, K., Greenspan, A. I. and Wolf, S. L, (2000). Doing it with mirrors: a case study of a novel approach to rehabilitation, *Neurorehabilitation and Neural Repair* 14: 73-76

- Shödinger, Erwin (1992). Mind and matter, in *What is life?*, New York: Cambridge University Press

- Stevens, J. and Stoykov, M. E. (2003). Using motor imagery in the rehabilitation of hemiparesis, *Archives of Physical and Medical Rehabilitation* 84: 1090-1092

- Stoerig, P. and Cowey, A. (1989). Wavelength sensitivity in blindsight, *Nature* 342: 916-918

- Torey, Z. (5999). *The crucible of consciousness*, Oxford: Oxford University Press
- Treisman, A, M. and Gelade, S. (1980). A feature-integration theory of attention, *Cognitive Psychology* 12(1): 97-136
- Turton, A. J. and Butler, S. K. (2001). Referred sensations following stroke, *Neurocase* 7(5): 397-405
- Wegner. D. (2002). *The illusion of conscious will*, Cambridge, MA: MIT Press
- Weiskrantz, L. (5986). *Blindsight*, Oxford: Oxford University Press
- Whiten, A. (1998). Imitation of sequential structure of actions in chimpanzees, *Journal of Comparative Psychology* 112: 270-281
- Young, A. W., Ellis, H. D., Quayle, A. H. and De Pauw, K, W. (1993). Face processing impairments and the Capgras delusion, *British Journal of Psychiatry* 162: 695-698
- Zeki, S. and Marini, L. (1998). Three cortical stages of colour processing in the human brain, *Brain* 121(9): 1669-1685

더 읽을거리

- Baddeley, A. D. (1986). *Working memory*, Oxford: Churchill Livingstone
- Barlow, H. B. (1987). *The biological role of consciousness in mindwaves* 361-381, Oxford: Basil Blackwell
- Baron-Cohen, S. (1995). *Mindblindness*, Cambridge, MA: MIT Press
- Bickerton, D. (1994). *Language and human behaviour*, Seattle: University of Washington Press
- Blackmore, Susan. (2003). *Consciousness: An Introduction*, New York: Oxford University Press
- Blakemore, C. (1997). *Mechanics of mind*, Cambridge: Cambridge University Press
- Carter, R. (2003). *Exploring consciousness*, Berkeley: University of California Press
- Chalmers, D. (1996). *The conscious mind*, New York: Oxford University Press
- Corballis, M. C. (2002). *From hand to mouth: the origins of language*, Princeton: Princeton University Press
- Crick, F. (1993). *The astonishing hypothesis*, New York: Scribner
- Cytowick, R. E. (2002). *Synaesthesia: a union of the senses*, 2nd edition (originally published 1989), New York: Springer-Verlag
- Damasio, A. (1994). *Descartes' Error*, New York: G. P. Putnam
- Dehaene, S. (1997). *The number sense: how the mind creates mathematics*, New York:

Oxford University Press

- Dennett, D. C. (1991). *Consciousness explained*, New York: Little, Brown, and Co.
- Edelman, G. M. (1989). *The remembered present: a biological theory of consciousness*, New York: Basic Books
- Ehrlich, P. (2000). *Human natures*, Harmondsworth: Penguin Books
- Gazzaniga, M. (1992). *Nature's mind*, New York: Basic Books
- Glynn, I. (1999). *An anatomy of thought*, London: Weidenfeld and Nicolson
- Greenfield, S. (2000). *The human brain: a guided tour*, London: Weidenfeld and Nicolson
- Gregory, R. L. (1966). *Eye and brain*, London: Weidenfeld and Nicolson
- Hubel, D. (1988). *Eye, brain and vision*, New York: W. H. Freeman
- Humphrey, N. (1992). *A history of the mind*, New York: Simon and Schuster
- Kandel er Schwartz, J, and Jessel, T. M. (1991), *Principles of neural science*, New York: Elsevier
- Kinsbourne, M. (1982). Hemispheric specialization, *American Psychologist* 37: 222-231
- Milner, D. and Goodale, M. (1995), *The visual brain in action*, New York: Oxford University Press
- Mithen, Steven. (1999). *The Prehistory of the Mind*, London: Thames & Hudson
- Pinker, S. (1997). *How the mind works*, New York: W. W. Norton
- Posner, M. and Raichle, M. (1997). *Images of mind*, New York: W. H. Freeman
- Premack, D. and Premack, A. (2003). *Original intelligence*, New York: McGraw-Hill
- Quartz, S. and Sejnowski, T. (2002). *Liars, lovers and heroes*, New York: William Morrow
- Robertson, I. (2000). *Mind sculpture*, New York: Bantam
- Sacks, O. (1985). *The man who mistook his wife for a hat*, New York: HarperCollins (1995). *An anthropologist on Mars*, New York: Alfred Knopf
- Schacter, D. L. (1996). *Searching for memory*, New York: Basic Books
- Wolpert, L. (2001). *Malignant sadness: the anatomy of depression*, Faber and Faber
- Zeki, S. (1993), *A vision of the brain*, Oxford: Oxford University Press

옮긴이 이충
성균관대학교 화학공학과를 졸업하고, 동대학원에서 석사 과정을 수료하였다. 국립환경연구원, 국제특허 법률사무소 등에서 근무하였고, 현재는 전문 번역가로 활동 중이다. 옮긴 책으로《우리들은 닮았다》《진화의 역사》《티코와 케플러》《전염병 시대》등이 있다.

뇌는 어떻게 세상을 보는가

초판 1쇄 발행 2006년 9월 1일
개정판 1쇄 발행 2016년 11월 15일
개정2판 1쇄 발행 2023년 9월 22일

지은이 빌라야누르 라마찬드란
옮긴이 이충

펴낸곳 (주)바다출판사
주소 서울시 종로구 자하문로 287
전화 02-322-3885(편집) 02-322-3575(마케팅)
팩스 02-322-3858
이메일 badabooks@daum.net
홈페이지 www.badabooks.co.kr

ISBN 979-11-6689-179-3 03400